Haiko Morgenstern

Simulation elektrostatischer Entladungen

Haiko Morgenstern

Simulation elektrostatischer Entladungen

Effiziente Verifikation der Robustheit integrierter Schaltungen beim Auftreten von elektrostatischen Entladungen

Südwestdeutscher Verlag für Hochschulschriften

Impressum/Imprint (nur für Deutschland/only for Germany)
Bibliografische Information der Deutschen Nationalbibliothek: Die Deutsche Nationalbibliothek verzeichnet diese Publikation in der Deutschen Nationalbibliografie; detaillierte bibliografische Daten sind im Internet über http://dnb.d-nb.de abrufbar.
Alle in diesem Buch genannten Marken und Produktnamen unterliegen warenzeichen-, marken- oder patentrechtlichem Schutz bzw. sind Warenzeichen oder eingetragene Warenzeichen der jeweiligen Inhaber. Die Wiedergabe von Marken, Produktnamen, Gebrauchsnamen, Handelsnamen, Warenbezeichnungen u.s.w. in diesem Werk berechtigt auch ohne besondere Kennzeichnung nicht zu der Annahme, dass solche Namen im Sinne der Warenzeichen- und Markenschutzgesetzgebung als frei zu betrachten wären und daher von jedermann benutzt werden dürften.

Coverbild: www.ingimage.com

Verlag: Südwestdeutscher Verlag für Hochschulschriften GmbH & Co. KG
Dudweiler Landstr. 99, 66123 Saarbrücken, Deutschland
Telefon +49 681 37 20 271-1, Telefax +49 681 37 20 271-0
Email: info@svh-verlag.de

Zugl.: Berlin, TU, Dissertation, 2011

Herstellung in Deutschland:
Schaltungsdienst Lange o.H.G., Berlin
Books on Demand GmbH, Norderstedt
Reha GmbH, Saarbrücken
Amazon Distribution GmbH, Leipzig
ISBN: 978-3-8381-2585-5

Imprint (only for USA, GB)
Bibliographic information published by the Deutsche Nationalbibliothek: The Deutsche Nationalbibliothek lists this publication in the Deutsche Nationalbibliografie; detailed bibliographic data are available in the Internet at http://dnb.d-nb.de.
Any brand names and product names mentioned in this book are subject to trademark, brand or patent protection and are trademarks or registered trademarks of their respective holders. The use of brand names, product names, common names, trade names, product descriptions etc. even without a particular marking in this works is in no way to be construed to mean that such names may be regarded as unrestricted in respect of trademark and brand protection legislation and could thus be used by anyone.

Cover image: www.ingimage.com

Publisher: Südwestdeutscher Verlag für Hochschulschriften GmbH & Co. KG
Dudweiler Landstr. 99, 66123 Saarbrücken, Germany
Phone +49 681 37 20 271-1, Fax +49 681 37 20 271-0
Email: info@svh-verlag.de

Printed in the U.S.A.
Printed in the U.K. by (see last page)
ISBN: 978-3-8381-2585-5

Copyright © 2011 by the author and Südwestdeutscher Verlag für Hochschulschriften GmbH & Co. KG and licensors
All rights reserved. Saarbrücken 2011

Zusammenfassung

Elektrostatische Entladungen (Electrostatic Discharge, kurz ESD) treten im Alltag häufig auf und können integrierte Schaltkreise irreversibel schädigen. Die Verifikation integrierter Schaltkreise zur Sicherung der Robustheit gegenüber elektrostatischen Entladungen ist ein komplexer Prozess, bei dem Expertenwissen sowohl im Bereich der Technologie als auch der Schaltungstechnik vorhanden sein muss. Häufig wird das Verhalten der Bauelemente außerhalb normaler Betriebsparameter in der Simulation nicht korrekt wiedergegeben, so dass Schaltungsentwickler das mächtige Werkzeug der Schaltungssimulation hier nicht verwenden können. In der vorliegenden Arbeit wurde eine Methodik entwickelt, welche die Schaltungssimulation von integrierten Mixed-Signal-Schaltkreisen beim Auftreten von elektrostatischen Entladungen durch entsprechende Simulationsmodelle ermöglicht. Weiterhin wurde durch eine Analyse der Simulationsergebnisse und deren Visualisierung die Verifikation und Optimierung hinsichtlich der ESD-Robustheit zum Teil automatisiert und dadurch wesentlich schneller und sicherer. Um die Ausfallmechanismen von Halbleiterbauelementen beim Auftreten elektrostatischer Entladungen zu modellieren, wurden Vor- und Nachteile der in Frage kommenden Beschreibungssprachen herausgearbeitet. Anschließend wurde detailliert auf die Möglichkeiten effizienter Schaltungssimulationen mittels verschiedener Analysearten eingegangen. Hierbei lag der Fokus auf der Reduktion der Simulationsdauer, der Konvergenz sowie der Genauigkeit der Simulationsergebnisse. Die vorgeschlagene Methodik zur Verifikation von integrierten Schaltkreisen gegenüber elektrostatischen Entladungen wurde bereits bestehenden Ansätzen gegenübergestellt.

Die erarbeitete Methodik wurde in dem ESD-Analysewerkzeug *CLEX* umgesetzt. Dieses Werkzeug ist vollständig in die Entwicklungsumgebung Cadence® Design Framework II integriert und unterstützt den Schaltungsentwickler während des gesamten Entwicklungsablaufes bei der ESD-Schaltungsverifikation. Am Beispiel von Smart-Power-Schaltkreisen wurde die Funktionalität der in dieser Arbeit entwickelten Verifikationsmethodik überprüft. Es hat sich dabei gezeigt, dass bei Anwendung dieser Verifikationsmethodik kostenintensive Überarbeitungen von Schaltungen im Fall von negativen ESD-Tests nach der Herstellung vermieden werden können und der Prozess der Fehleridentifikation und -korrektur wesentlich beschleunigt wird. Im Fall eines durch den Einsatz von *CLEX* vermiedenen Full-Mask-Redesign wird somit der Entwicklungsablauf eines Schaltkreises um mehrere Wochen verkürzt.

Danksagung

Die vorliegende Arbeit entstand während meiner Tätigkeit als wissenschaftlicher Mitarbeiter am Fraunhofer Institut für Zuverlässigkeit und Mikrointegration in der Abteilung System Design and Integration und dem Forschungsschwerpunkt Technologien der Mikroperipherik der Technischen Universität Berlin.

Zuerst möchte ich meinem Doktorvater Prof. Dr.-Ing. Dr. E.h. Herbert Reichl für die Betreuung meiner Arbeit, das Feedback und den wertvollen Ratschlägen danken. Meinem Zweitgutachter Prof. Dr.-Ing. Ege Engin möchte ich für die wissenschaftlichen Diskussionen und Hinweise danken. Bei meinem dritten Gutachter Prof. Dr. rer. nat. Gerhard Groos bedanke ich mich besonders, da er durch seine Vision zur effizienten ESD-Schaltungsverifikation wesentliche Randbedingungen für diese Forschungsarbeit geschaffen hat. Ich danke ihm nicht nur für seine hervorragende und sehr engagierte Betreuung sowie für die vielen, sehr wertvollen wissenschaftlichen Anregungen, sondern auch für seine stete Hilfsbereitschaft und sehr freundschaftliche Zusammenarbeit.

Den Kollegen der Infineon Technologies AG Herrn Michael Mayerhofer, Dr.-Ing. Eckhard Hennig, Jörg Köllermayer und Klaus-Willi Pieper, die mir mit Ihrem Expertenwissen stets für anregende Diskussionen zur Verfügung standen, spreche ich meinen besonderen Dank aus.

Des Weiteren möchte ich mich bei allen Kolleginnen und Kollegen bedanken, die direkt und indirekt zum Gelingen dieser Arbeit beigetragen haben, für die gute Zusammenarbeit und den großen Teamgeist. Besonders danke ich Daniel Triebs, Dr.-Ing. Michael Niedermayer, Uwe Stürmer, Holger Schmalle, Florian Ohnimus und Carsten Hoherz.

Mein herzlicher Dank gilt auch meiner langjährigen Freundin Anja Weber und meinen Eltern, Margit und Peter Morgenstern, die mich in meiner Arbeit in Form von Korrekturlesen und wo immer es möglich war, tatkräftig unterstützt haben.

Inhaltsverzeichnis

1 Einleitung   **1**
1.1 Entwurfsablauf zuverlässiger integrierter Mixed-Signal-Schaltungen . 4
1.2 Kostenaspekte des Entwurfes integrierter Schaltkreise 5
1.3 Datenstrukturen moderner EDA-Werkzeuge 7

2 ESD-Schaltungsverifikation von Mixed-Signal-Schaltkreisen   **12**
2.1 Hochstromverhalten von Halbleiterbauelementen 13
    2.1.1 Diffusions-Widerstände 14
    2.1.2 Dioden 15
    2.1.3 Bipolar-Transistoren 16
    2.1.4 MOS-Transitoren 16
2.2 ESD-Belastungsmodelle und Systemtest 18
    2.2.1 Human-Body-Model 19
    2.2.2 Machine-Model 20
    2.2.3 Transmission Line Pulsing 21
2.3 Ansätze zur Verifikation integrierter Schaltungen bei ESD-Belastungen 22
    2.3.1 Manuelle Strompfadextraktion 22
    2.3.2 Transiente Schaltungssimulationen mit Hochstrommodellen . . 23
    2.3.3 Statische Verifikation elektrostatischer Entladungen 23
    2.3.4 Dynamische ESD-Verifikation mittels Makromodellen 26
    2.3.5 Ansatz dieser Arbeit 27
2.4 Anforderungen einer Verifikationsmethodik für Smart-Power-Schaltkreise 28

3 Untersuchung von Methoden zur Analyse integrierter Schaltungen gegenüber ESD-Impulsen   **30**
3.1 Effiziente Schaltungsverifikation hinsichtlich ESD 30
3.2 Analyseverfahren konzentrierter Modelle 35
    3.2.1 Ursachen von Konvergenzproblemen 38
    3.2.2 Gleichstromanalyse 39
        3.2.2.1 Konvergenzeigenschaften einer Gleichstromanalyse . 42

		3.2.2.2	Zeitbedarf einer transienten Simulation gegenüber Gleichstromanalyse	44
	3.2.3		Transiente Analyse	49
	3.2.4		Kleinsignalanalyse	52

4 Entwicklung einer neuen Verifikationsstrategie zur Analyse integrierter Schaltungen gegenüber ESD-Impulsen   **53**

- 4.1 Klassifikation der Fehlermodi ... 56
  - 4.1.1 Fehlen oder fehlerhafter Einsatz von ESD-Schutzelementen .. 56
  - 4.1.2 Verwenden von Bauelementen falscher Spannungsklassen ... 57
  - 4.1.3 Fehlerhafte Ansteuerung von ESD-Schutzelementen ... 58
  - 4.1.4 Falsche Dimensionierung von Bauelementen ... 59
  - 4.1.5 Übersehene oder falsch bewertete Strompfade und transiente Kopplungen ... 59
- 4.2 Modellierungsansatz ... 59
  - 4.2.1 Identifikation aller möglichen Bauelementausfälle ... 60
  - 4.2.2 Beschreibung der Strom-Spannungscharakteristik außerhalb des sicheren Arbeitsbereiches ... 61
  - 4.2.3 Analyse-spezifische Modellierung ... 63
  - 4.2.4 Recheneffiziente Implementierung der erweiterten Simulationsmodelle ... 65
  - 4.2.5 Automatisierte Erstellung der Simulationsmodelle ... 70
- 4.3 Bauelement-spezifische Modellierung ... 75
  - 4.3.1 Abhängigkeit der Kollektor-Emitter-Spannung vom Basisstrom bei bipolar-Transistoren ... 75
  - 4.3.2 Stromtragfähigkeit von Widerständen und Dioden ... 77
  - 4.3.3 Verhalten von ESD-Schutzelementen ... 78
- 4.4 Bestimmen des Schaltungszustandes ... 79
- 4.5 Analyse des Schaltungszustandes ... 81
  - 4.5.1 Gefährdete Bauelemente ... 81
  - 4.5.2 Extraktion kritischer Strompfade ... 81
  - 4.5.3 Reduzierter Schaltplan: relevante / beteiligte Schaltungsteile . 83
- 4.6 Visualisierung der Strompfade und Bauelementschädigungen ... 85
- 4.7 Integration in den Entwurfsablauf ... 89
  - 4.7.1 Möglichkeiten der Implementierung ... 89
  - 4.7.2 SKILL Implementierung ... 91

5 Verifikation des ESD-Schutzkonzeptes eines Smart-Power-Schaltkreises 99
    5.1 Analyse der Testschaltung 1 99

    5.2 Analyse der Testschaltung 2 101

    5.3 Analyse der Testschaltung 3 104

    5.4 Analyse der Testschaltung 4 107

    5.5 Anwendbarkeit der entwickelten ESD-Verifikationsmethodik 109

6 Ausblick   **111**

1 Einleitung

Elektrostatische Entladungen (engl. Electro-Static Discharge, kurz ESD) treten im Alltag häufig auf. Beispiele hierfür sind Blitze oder Entladungen von Personen gegenüber geerdeten Gegenständen. Nicht nur beim Gebrauch von elektronischen Geräten können sich Strompfade über das Gehäuse und die Leiterplatte bis zu den darauf befindlichen integrierten Schaltkreisen (Integrated Circuits, ICs) ausbreiten und dort Schädigungen hervorrufen, sondern auch während der Herstellung von integrierten Schaltungen sind diese empfindlichen Bauelemente der Gefahr einer Schädigung während eines Entladungsvorgangs ausgesetzt. Der Mensch nimmt diese sehr schnellen Entladungen erst ab einer Potentialdifferenz von ungefähr drei Kilovolt wahr. Untersuchungen zeigen, dass ca. 90 Prozent aller ESD-Ereignisse im Alltag unterhalb der Wahrnehmungsschwelle des Menschen liegen und somit gar nicht registriert werden [BG97]. Jedoch resultieren aus Entladungsvorgängen eines auf drei Kilovolt geladenen Menschen über ein elektrisches Gerät Maximalströme von zwei Ampere innerhalb eines Zeitraums von ca. 150 ns. Für integrierte Schaltkreise ergeben sich aus diesen Strömen und der daraus resultierenden abgeleiteten Energie hohe Anforderungen an das ESD-Schutzkonzept, denn die Halbleiterstrukturen im sub-Mikrometer-Bereich können irreversible Schäden (z.B. Oxid-Durchbrüche, Aufschmelzungen) durch elektrostatische oder thermische Überlast erfahren. In der Regel sind die Schädigungen der Bauelemente nicht durch eine einfache optische Inspektion sichtbar, sondern müssen durch zeitaufwendige Verfahren lokalisiert werden. Ist das geschädigte Bauelement identifiziert, wird versucht, die Vorgänge während der elektrostatischen Entladung zu rekonstruieren, um die Ursache des Fehlverhaltens in Erfahrung zu bringen und Gegenmaßnahmen vorzusehen.

Um die Anzahl der Schäden elektronischer Bauelemente durch elektrostatische Entladungen zu reduzieren, können externe Maßnahmen, wie z.B. konsequente Ausstattung von Laboren und Entwicklungs- bzw. Produktionsräumen [Ber09] mit geerdeten Geräten vorgesehen werden. Weiterhin nutzt man interne Maßnahmen, wie z.B. die Integration von ESD-Schutzschaltungen, direkt auf der Ebene der Halbleiterbauelemente. Externe Schutzmaßnahmen sollen die Anzahl und Stärke der elektrostatischen Aufladungen integrierter Schaltkreise während der Produktion und

1 Einleitung

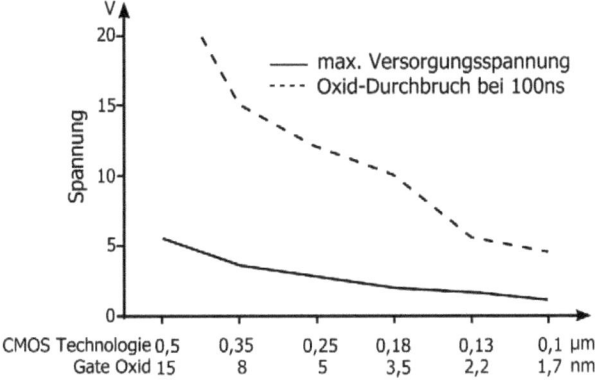

Abbildung 1.1: Transiente Durchbruchspannung und maximale Betriebsspannungen in Abhängigkeit der Gate-Oxid Dicke [SSS08]

Verarbeitung reduzieren und sind mit entsprechendem logistischem und finanziellem Aufwand verbunden, so dass diese nur in Labor- und Fertigungsanlagen installiert werden [DIN01]. Interne ESD-Schutzmaßnahmen werden eingesetzt, um im Fall einer elektrostatischen Entladung den Hauptteil der Energie über einen niederohmigen Pfad gegen das Bezugspotential abzuleiten. Dazu werden zusätzliche Schaltungsteile entweder innerhalb des Schaltkreises integriert oder als diskrete Bauelemente auf Leiterplatten- bzw. Systemebene realisiert.

Aufgrund der fortschreitenden Entwicklung der Halbleitertechnologien hin zu kleineren Strukturbreiten steigen auch die Anforderungen an die ESD-Schutzschaltungen [Drü07, LLL+08]. Ein Beispiel hierfür ist die Abnahme der Dicke der Isolationsschicht des Gates in MOS-Transistoren. In einer drei Mikrometer-Technologie wurden die Oxid-Isolationsschichten einer Dicke von 50 nm implementiert. Dieser Wert reduzierte sich auf 3,5 nm bei einer 0,18 µm-Technologie [Rus99]. In [ITR07] wird prognostiziert, dass die Dicken der Isolationsschichten bei 22 nm-Prozessen auf 0,8 nm sinken. Die Gewährleistung der Zuverlässigkeit wird dabei als "große Herausforderung" angesehen. Diese Tatsache verdeutlicht Abbildung 1.1. Lag die Oxid-Durchbruchspannung für kurzzeitige Belastungen (t=100 ns) bei einer 0,35 µm-Technologie noch bei ungefähr 15 V, so reduziert sich diese auf zirka fünf Volt bei einer 0,13 µm-Technologie.

Die Verifikation integrierter Schaltungen gegenüber elektrostatischen Entladungen ist ein wichtiger Prozess innerhalb des Entwurfsablaufes von ICs. Momentan werden dazu Bauelementsimulationen mittels räumlich ausgedehnter Modelle genutzt, Teilbereiche der Schaltung mit vereinfachten Modellen simuliert oder regelbasierte,

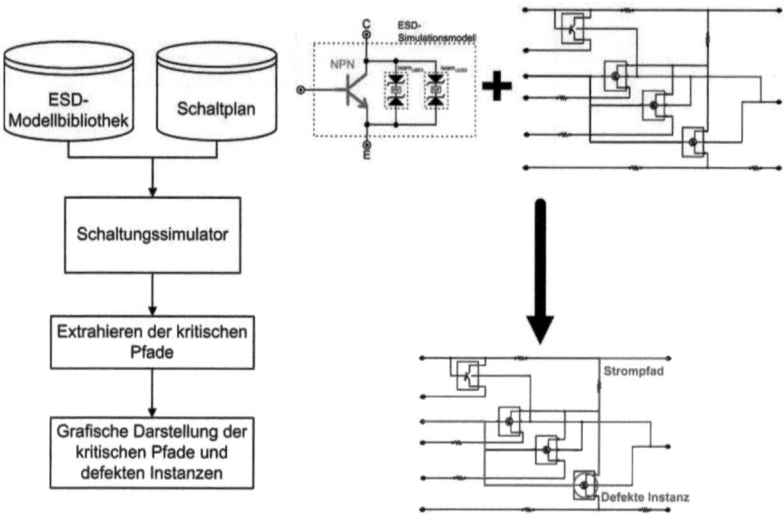

Abb. 1.2: Vereinfachte Darstellung des Verifikationsablaufes

statische Werkzeuge eingesetzt. Ein Simulations- bzw. Analysewerkzeug, welches die Wechselwirkung zwischen ESD-Schutzschaltung und der funktionalen Elemente ganzheitlich betrachtet, existiert derzeit nicht.

In dieser Arbeit wurde ein Verfahren entwickelt, welches die Verifikation integrierter Mixed-Signal-Schaltkreise zur Sicherung der Robustheit gegenüber elektrostatischen Entladungen in einer frühen Entwicklungsphase ermöglicht. Dazu werden verschiedene Analyseverfahren konzentrierter Elemente auf ihre Anwendbarkeit überprüft. Die Modellierung physikalischer Effekte beim Auftreten elektrostatischer Entladungen ist dabei ebenso Bestandteil der Arbeit wie die Umsetzung des vorgestellten Verfahrens in ein Simulationswerkzeug für den produktiven Einsatz. In Abbildung 1.2 ist der in dieser Arbeit entwickelte Verifikationsablauf vereinfacht dargestellt. Um eine Schaltungssimulation des gesamten ICs mit einer ausreichenden numerischen Stabilität zu ermöglichen, wird das Hochstromverhalten in den Standard-Simulationsmodellen vereinfacht modelliert. Im Anschluss an die Simulation werden die defekten Bauelemente im Schaltplan grafisch dargestellt. Um die Ursache der Überlastung zu finden, werden die Strompfade der defekten Instanz extrahiert und ebenfalls farbig hervorgehoben.

Zusammenfassend ergeben sich für eine ESD-Verifikationssoftware folgende Anforderungen:

1 Einleitung

- Entwicklung von Simulationsmodellen, welche das Hochstromverhalten von integrierten Bauelementen effizient abbilden und Überlastungen detektieren können
- Auswahl eines geeigneten Analyseverfahrens zur Durchführung von Schaltungssimulationen komplexer Mixed-Signal-Schaltkreise
- Extraktion und Visualisierung gefährdeter Bauelemente sowie deren Strompfade zur Analyse der Ursachen von Bauelementüberlastungen

1.1 Entwurfsablauf zuverlässiger integrierter Mixed-Signal-Schaltungen

Die Entwicklung integrierter Schaltkreise ist einerseits von dem Bestreben zu höherer Komplexität und höheren Taktfrequenzen sowie zu niedrigerem Energieverbrauch geprägt, andererseits existiert das Bedürfnis, Funktionalitäten, wie z.b. digitale Logik, analoge Signalverarbeitung und Ansteuerung von Aktoren auf einem integriertem Schaltkreis zu vereinen [TM02]. Daraus resultieren verschiedene Technologien und ebenso unterschiedliche Entwicklungsabläufe. Allgemein kann man jedoch sagen, dass der Entwicklungs- und Fertigungsprozess von integrierten Schaltkreisen ein zeit- und kostenintensiver Vorgang ist, welcher sich bei sehr komplexen Schaltkreisen über einige Jahre erstrecken kann.

Aufgrund der Komplexität heutiger integrierter Schaltkreise ist der Entwurfsablauf weitestgehend computergestützt und automatisiert. In Abhängigkeit der Funktionalität der Schaltung wird zwischen digitalen, analogen und Mixed-Signal-Entwurfsabläufen unterschieden. Die Entwurfswerkzeuge sind auf den jeweiligen Entwurfsablauf optimiert, da z.B. die Erstellung des Schaltplans eines digitalen ICs zum großen Teil automatisiert aus einer Hardwarebeschreibungssprache abgeleitet werden kann. Beim analogen Entwurf ist der Prozess der Schaltplanerstellung, der Definition der Konnektivität und Bauelementparameter ein weitestgehend manueller Prozess. Der Mixed-Signal-Entwurf stellt dabei eine Mischform dar, die sowohl digitale als auch analoge Schaltungsblöcke beinhaltet.

Ein vereinfachter Entwicklungsablauf eines integrierten Mixed-Signal Schaltkreises ist in Abbildung 1.3 dargestellt. Es handelt sich dabei um einen so genannten Top-Down Entwicklungsablauf, welcher aus den Phasen Systemspezifikation, Architekturdefinition, Entwurf der Zellen und Blöcke, Layout der Zellen und Blöcke sowie Layout des Gesamtsystems besteht. Nach jeder Phase des Entwurfsablaufs werden Evaluierungs-

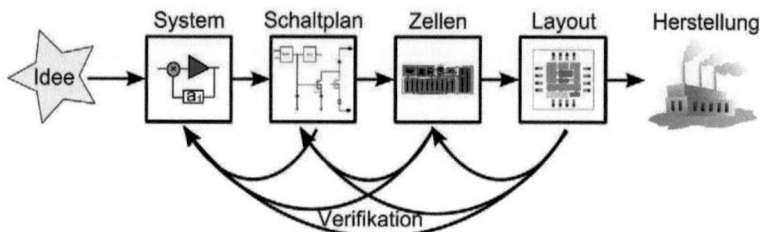

Abbildung 1.3: Allgemeiner Entwicklungsablauf von integrierten Mixed-Signal Schaltkreisen [SLM06]

bzw. Verifikationsmaßnahmen durchgeführt, um die Funktionalität der Schaltung über den gesamten Entwurfsablauf sicherzustellen und Fehler möglichst in frühen Phasen des Entwurfszyklus erkennen zu können.

Wird bei den Tests nach der Fertigung (engl. Post-silicon Verification) des Schaltkreises eine Fehlfunktion festgestellt, muss anschließend eine meist sehr zeitaufwendige Fehleranalyse erfolgen und danach nahezu der komplette Entwicklungszyklus wiederholt abgearbeitet werden, um den Fehler zu beseitigen. Dies kann zu einer verzögerten Markteinführung eines Produktes bzw. dem Verlust der Lieferrechte im Fall eines Zulieferers integrierter Schaltkreise führen.

Die Verifikation des ESD-Schutzkonzeptes muss somit frühzeitig im Entwicklungsablauf integrierter Schaltkreise durchgeführt werden, da der Aufwand für Modifikationen der Schaltung mit fortschreitendem Entwicklungsablauf enorm ansteigt. So können in der Phase der Definition des Schaltplans erste Analysen durchgeführt werden, da dann die grundlegenden Entscheidungen über die Topologie der Schaltung bereits getroffen wurden. Die Komplexität und Detailtiefe der verwendeten Simulationsmodelle nimmt dabei mit fortschreitendem Entwurfsablauf zu, weil immer mehr Informationen der endgültigen Implementierung vorhanden sind.

1.2 Kostenaspekte des Entwurfes integrierter Schaltkreise

Die wirtschaftlichen Schäden, die auf Ausfälle durch elektrostatische Entladungen zurückgeführt werden können, sind beträchtlich. In [Rus99] ist der prozentuale Anteil der Feldausfälle im Zeitraum von 1988 bis 1997 analysiert worden, welcher ESD- bzw. EOS-Ereignissen (Electrical Overstress) zugeordnet wurde [GD88, McA88, EMI91, MI93, WSH88, Shu95, Bro97]. Der Durchschnitt liegt über den betrachteten Zeitraum

1 Einleitung

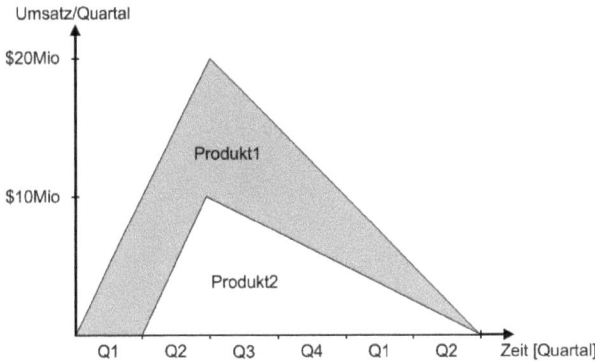

Abbildung 1.4: Auswirkung einer verzögerten Markteinführung auf den Umsatz [Sch01]

bei ca. 40 Prozent und stellt somit einen nicht zu vernachlässigenden Anteil dar. Eine Unterscheidung zwischen ESD oder EOS als Ausfallursache ist dabei nicht immer möglich, da die Schadensbilder beider Ereignisse nur sehr schwer voneinander zu unterscheiden sind [BG97].

In Abbildung 1.4 ist ein einfaches Ertragsmodell dargestellt [Sch01]. Angenommen wird ein Produkt-Lebenszyklus von 18 Monaten. Während der Markteinführung steigt der Umsatz bzw. die verkaufte Stückzahl linear mit 10 Millionen Dollar/Quartal bis zu einem maximalen Wert nach sechs Monaten an. Anschließend sinkt der Umsatz aufgrund nachlassender Nachfrage durch Sättigung des Marktes und dem Erscheinen von Produkten anderer Hersteller [BR00] bis hin zum Ende der Produktlebensdauer linear. Wird das Produkt fristgerecht eingeführt, beträgt der Umsatz in diesem Beispiel 60 Millionen Dollar. Verzögert sich der Zeitpunkt der Produkteinführung nur um drei Monate, wird ein Umsatz von nur 25 Millionen Dollar erreicht. Somit reduziert sich der Umsatz aufgrund der verzögerten Markteinführung um fast zwei Drittel.

Im Falle eines Zulieferers von integrierten Schaltkreisen kann eine verzögerte Produktreife bedeuten, dass der Kunde einen anderen Zulieferer wählt. Das eigene Produkt wird dann nur als Rückfalllösung (engl. Second Source) eingestuft. In dieser Konstellation kann der Umsatz ebenfalls erheblich geringer als geplant ausfallen.

Diesen Tatbestand verdeutlicht auch eine Analyse des Halbleiterherstellers Infineon Technologies AG, bei der die Umsatzverluste bei einer Einstufung als Second Source für einen Smart-Power-IC (kurz SPT) abgeschätzt wurden. Dabei wurde eine Verzö-

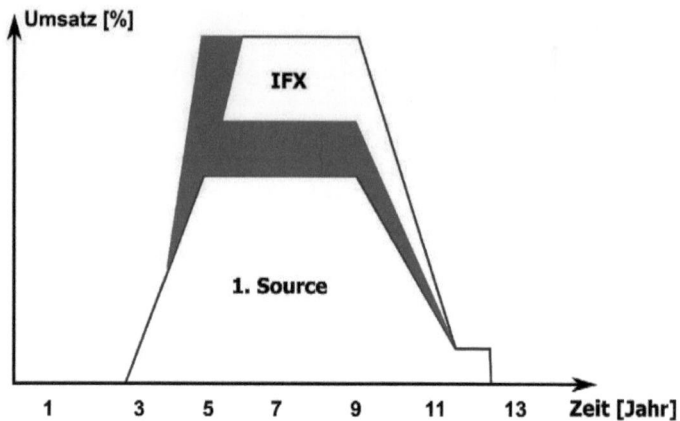

Abb. 1.5: Umsatzverlust durch verspäteten Markteintritt [Gro05]

gerung des Liefertermins um acht Monate, verursacht durch Störfestigkeitsprobleme, angenommen, welche einen Umsatzverlust von 46 Prozent zur Folge hätte (grau markierter Bereich in Abbildung 1.5).

Ziel ist es somit, einen Großteil der Fehler in der frühen Phase des Produkt-Entwicklungszyklus zu erkennen und zu beseitigen, um Verzögerungen in der Produktentwicklung zu vermeiden.

1.3 Datenstrukturen moderner EDA-Werkzeuge

Der Entwurf moderner, komplexer Produkte, wie z.B. ein Automobil, wäre ohne einen computergestüzten Entwicklungsprozess nicht denkbar. Die dazu genutzten Entwicklungswerkzeuge werden unter dem Begriff CAD-Software (engl. Computer Aided Design) zusammengefasst. Eine Untermenge der CAD-Software stellen EDA-Werkzeuge (engl. Electronic Design Automation) dar. In EDA-Werkzeugen zum Entwurf integrierter Schaltungen werden verschiedene Werkzeuge in einem so genannten Framework zusammengefasst. So existieren in der Regel Werkzeuge zur Erstellung des Schaltplans und des Layouts sowie Schaltungssimulatoren. Damit diese verschiedenen Softwarekomponenten untereinander die nötigen Informationen austauschen können, werden alle Daten in Form einer Datenbank strukturiert oder in Textform gespeichert.

Um einen Top-Down Entwicklungsablauf nach Abbildung 1.3 zu unterstützen, sind heutige Werkzeuge zum Entwurf integrierter Schaltungen so implementiert, dass

1 Einleitung

mehrere Gruppen von Schaltungsentwicklern parallel arbeiten können. Innerhalb eines hierarchisch strukturierten Schaltplans wird die Konnektivität in mehreren Ebenen, angefangen von den Anschlusskontaktflächen (kurz Pads) des integrierten Schaltkreises bis hin zu den Grundbauelementen der verwendeten Technologie, spezifiziert (siehe Abbildung 1.6). Für die dabei entstehenden Schaltungsblöcke werden Spezifikationen definiert, welche die Schaltungsentwickler einhalten müssen, damit die Gesamtschaltung ebenfalls innerhalb der spezifizierten Parameter arbeitet. Die grundlegenden Bauelemente stellen die in einer Technologie verfügbaren funktionalen Halbleiterbauelemente dar und sind in einer oder mehreren Bibliotheken strukturiert abgelegt.

In Abbildung 1.6 ist die Struktur der Hierarchie eines integrierten Schaltkreises nach der Erstellung des Schaltplans dargestellt. Die Definition der Schaltungstopologie erfolgt innerhalb eines Mixed-Signal-Entwurfsablaufes in der Regel innerhalb eines grafischen Werkzeuges zur Definition der Schaltungstopologie und weiterer Implementierungsdetails, dem Schaltplaneditor. In den Hierarchieebenen des Schaltplaneditors (Abbildung 1.6) werden die Verbindungen und Parameter der Halbleiterbauelemente definiert, welche zur Implementierung der zu realisierenden Funktionalität notwendig sind. Auf der untersten Ebene des Schaltplans sind dabei nur Symbole der grundlegenden Bauelemente vorhanden. Die oberen Ebenen des Schaltplans können aus logischen Instanzen und grundlegenden Bauelementen bestehen. Logische Instanzen repräsentieren in der Regel Funktionsblöcke und dienen der Partitionierung der gesamten Schaltung in übersichtliche Teilschaltungen. Grundlegende Bauelemente können auf allen Ebenen des Schaltplans vorkommen. So werden z.B. ESD-Schutzelemente aus Gründen der Übersichtlichkeit in den ersten beiden Hierarchieebenen platziert, da diese in der Regel eine direkte Verbindung zu den Anschlusskontakten haben. Die Konnektivität kann dabei über verschiedene Mechanismen definiert werden. In heutigen EDA-Werkzeugen sind folgende Mechanismen üblich:

- Repräsentation der Verbindungen durch grafische Symbole (Linien oder Pfade)
- Verbindungen mit gleichem Signalnamen
- Verbindungen durch Definition von Parametern logischer Blöcke

Werden identische Verbindungen oder Parameter in logischen Blöcken auf unterschiedlichen Hierarchieebenen definiert, so werden die entsprechenden Werte von den höheren Ebenen auf die unteren Ebenen vererbt. Bauelementparameter, wie z.B. die Weite oder Länge eines Transistors oder auch Potentialwerte (siehe Abbildung 1.6, Param1), werden durch ein Parameter-Mapping von den Symbolen des Schaltplans an die Simulationsmodelle übergeben. Dies ist notwendig, um die bauelementspezifischen

1.3 Datenstrukturen moderner EDA-Werkzeuge

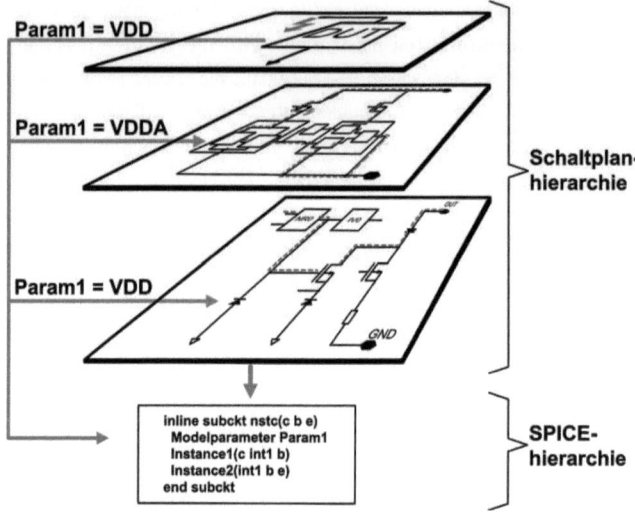

Abb. 1.6: Vererbung von Parametern in Schaltplan- und SPICE-Hierarchieebenen

Parameter in der Schaltungssimulation zu berücksichtigen.

Um die Funktionalität der im Schaltplaneditor definierten Schaltung insgesamt oder auf Blockebene zu prüfen, werden Schaltungssimulationen in jeder Phase des Entwurfsablaufs durchgeführt (siehe Abbildung 1.3). Dabei wird das Verhalten von Bauelementen oder Schaltungsblöcken durch Hardwarebeschreibungssprachen, wie z.B. VHDL [VHD04], VerilogA [IEE09], SpectreHDL, definiert. Je nach Entwicklungsphase werden abstrakte Simulationsmodelle ganzer Schaltungsteile oder detaillierte Beschreibungen einzelner Bauelemente verwendet. Die heute verwendeten Hardwarebeschreibungssprachen unterstützen ebenfalls einen hierarchischen Entwurfsablauf. Somit entstehen neben den Hierarchieebenen des Schaltplans noch mindestens eine oder auch mehrere zusätzliche Hierarchieebenen (siehe Abbildung 1.6 unten).

Im Gegensatz zu den Simulationsmodellen werden die Elemente des Schaltplan- und Layouteditors aus Gründen der Zugriffsgeschwindigkeit in Datenbanken gespeichert. Die Datenbank eines EDA-Werkzeuges zum Entwurf integrierter Schaltungen ist ein entscheidendes und grundlegendes Merkmal einer solchen Software [SLM06]. Die Effizienz und Fehleranfälligkeit entscheidet häufig über den Erfolg oder Misserfolg eines EDA-Werkzeuges. In der Vergangenheit hatte jeder Hersteller von EDA-Werkzeugen proprietäre Datenbanksysteme verwendet (Fa. Synopsys - Milkyway DB, Fa. Mentor Graphics - Falcon DB, Fa. Cadence - CDB), welche über Jahre hinweg historisch

1 Einleitung

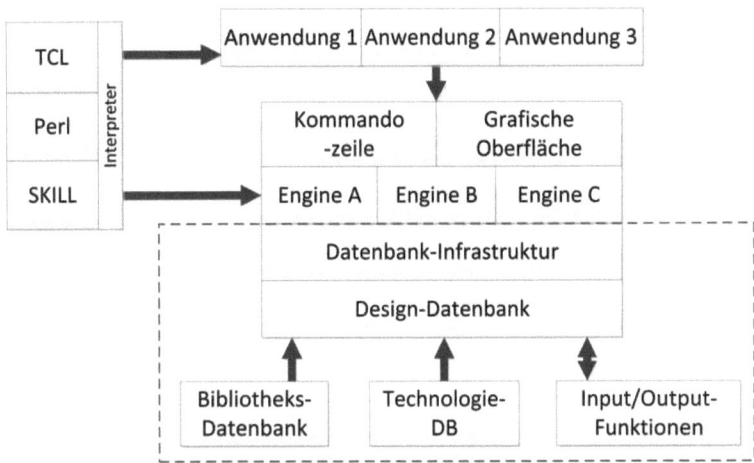

Abbildung 1.7: Aufbau eines Frameworks für den IC-Entwurf [SLM06]

gewachsen sind und entwickelt wurden. Ein großer Nachteil aller Datenbanksysteme war, dass aufgrund der unterschiedlichen Ansätze Daten zwischen Entwurfswerkzeugen unterschiedlicher Hersteller nicht ohne Weiteres ausgetauscht werden konnten. Ein neuer Ansatz in Bezug auf Datenbank-Systeme in EDA-Werkzeugen ist durch die OpenAccess-Koalition initiiert worden. Ziel dabei ist es, eine offene Datenbank für Entwurfswerkzeuge zu entwickeln. Aufgrund des für Mitglieder der OpenAccess-Koalition freien Zugriffs auf die Programmierschnittstellen soll eine deutlich verbesserte Interoperabilität zwischen Software verschiedener Hersteller erreicht werden. Mittlerweile existieren erste EDA-Werkzeuge, welche die OpenAccess-Datenbank verwenden (z.B. Cadence DF II 6.X.X). In Abbildung 1.7 ist ein typischer Aufbau eines Frameworks zum Entwurf integrierter Schaltungen dargestellt. Innerhalb eines Frameworks werden verschiedene Software-Werkzeuge zusammengefasst, um über definierte Schnittstellen einen reibungslosen Datenaustausch innerhalb des Entwurfsablaufs zu gewährleisten. Die Basis eines Frameworks bildet das Datenbanksystem (innerhalb der gestrichelten Markierung in Abbildung 1.7). Dieses ist in Module unterteilt, welche technologiespezifische Daten (Technologie DB) und Entwurfsdaten (Bibliotheks-Datenbank) enthalten. Ein weiteres Modul (Input/Output-Funktionen) stellt die Funktionalität zu Import und Export von Daten in verschiedenen Dateiformaten zur Verfügung (z.B. Lef, Def, Verilog, GDSII). Die verschiedenen Anwendungen (z.B. Schaltplan-Editor) können über so genannte Engines Informationen von der Datenbank lesen oder in die Datenbank schreiben. Über Skriptsprachen, wie z.B. TCL, Perl oder SKILL® ist es

1.3 Datenstrukturen moderner EDA-Werkzeuge

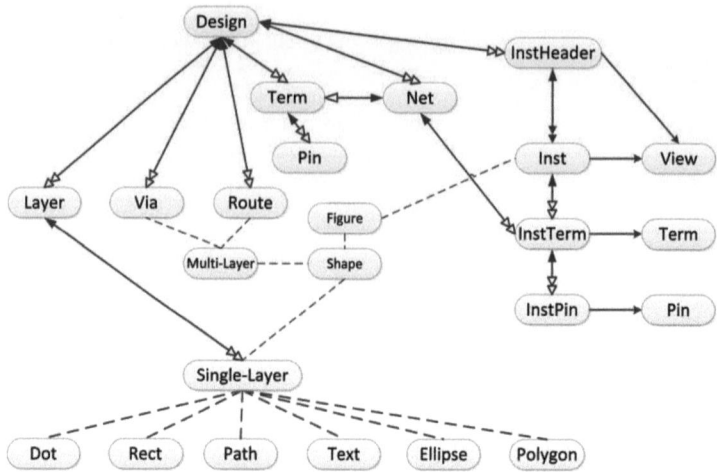

Abbildung 1.8: Struktur einer Design-Datenbank zum Entwurf integrierter Schaltungen [SLM06]

möglich, auf Anwendungs- bzw. Datenbankinformationen zuzugreifen, Anwendungen zu steuern oder eigene Anwendungen in das Framework zu integrieren.

Die Grundelemente, aus denen ein Schaltplan und ein Layout aufgebaut sind, sowie deren Abhängigkeiten innerhalb einer Entwurfsdatenbank, sind in Abbildung 1.8 dargestellt. Es existieren einerseits Elemente, welche die geometrischen Strukturen eines Schaltplans bzw. Layouts abbilden [She02] (Dot - Punkt, Path - Pfad, Rect - Rechteck, Polygon, Ellipse, Text) und andererseits Elemente, welche die Konnektivität zwischen den geometrischen Elementen abbilden (Net, Term, Pin, InstTerm, VIA, Route).

Für die in dieser Arbeit entwickelte Verifikationsmethodik ist der Zugriff auf die Datenbankelemente von EDA-Werkzeugen nötig, um z.B. Simulationsdaten auszuwerten oder die Konnektivität des Schaltplans zu verfolgen. Im Vordergrund steht dabei die automatisierte und recheneffiziente Bearbeitung großer Datenmengen.

2 ESD-Schaltungsverifikation von Mixed-Signal-Schaltkreisen

Aus Gründen der Übersichtlichkeit und Arbeitsteilung werden komplexe Schaltungen in Blöcke aufgeteilt und innerhalb eines hierarchischen Entwicklungsprozesses bearbeitet. Die Funktionalität jedes Blocks wird zunächst einzeln geprüft. Somit besteht die Simulation des gesamten Schaltkreises aus einer Kombination von Analog-, Digital- und Verhaltensmodellen. Allerdings ist die transiente analoge Simulation des gesamten integrierten Schaltkreises aufgrund der Komplexität heutiger Schaltungen oft nicht mehr mit vertretbarem zeitlichem Aufwand möglich [BI00]. Die übliche manuelle Verifikation und Vereinfachung des Schaltplans ist extrem zeitaufwendig und fehleranfällig. Außerdem setzt sie ein hohes Expertenwissen voraus, sowohl über die Schaltung in allen Details als auch über mögliche parasitäre Effekte der verwendeten Technologie. Im Fall von elektrostatischen Entladungen ist die Verifikation der Gesamtschaltung besonders wichtig, da aufgrund von komplexen Versorgungsnetzen, Schaltungsblöcken verschiedener Spannungsklassen sowie anwendungsspezifischen Ein- und Ausgangstreibern bzw. ESD-Strukturen Kopplungen und transiente Strompfade entstehen können, die über Simulationen separater Schaltungsteile nach dem Prinzip eines Top-Down Entwurfablaufs nicht erfasst werden [LKK02]. Ein weiteres Problem bei der Verifikation einer Schaltung gegenüber elektrostatischen Entladungen ist die Notwendigkeit spezieller Simulationsmodelle (Hochstrommodelle), welche die Modellierung des physikalischen Verhaltens beim Auftreten eines solchen Ereignisses ermöglichen. Hochstrommodelle sind wesentlich komplexer als Standardmodelle und erhöhen somit die Simulationszeit sowie die Wahrscheinlichkeit von Konvergenzproblemen (siehe Abschnitt 3.2.1). Um dennoch das Verhalten der gesamten Schaltung beim Auftreten eines ESD-Impulses bereits in der Designphase vorhersagen zu können, existieren verschiedene Ansätze, welche im Kapitel 2.3 beschrieben werden.

2.1 Hochstromverhalten von Halbleiterbauelementen

In Abbildung 2.1 ist ein ESD-Schutzkonzept eines integrierten Schaltkreises mit einer Versorgungsspannung dargestellt. Solche Konzepte mit regelmäßigen Ein-/Ausgangsstrukturen werden in der Regel bei digitalen Schaltungen angewendet. Die Blöcke mit der Bezeichnung "ESD Protection" an den Ein-/Ausgangsstrukturen schützen dabei die internen Schaltungsblöcke beim Auftreten von elektrostatischen Entladungen an den Anschlusskontakten, wohingegen die als Power-clamps bezeichneten Schutzstrukturen dazu dienen, ESD-Impulse auf dem Versorgungsnetz V_{DD} gegen das Bezugspotential V_{SS} abzuleiten.

Die in dieser Arbeit untersuchten integrierten Schaltkreise werden in einer Smart-Power-Technologie (auch BCD-Technologie genannt) entwickelt und hergestellt. Durch die Nutzung dieser Technologie können analoge, digitale und Hochvolt-Bauelemente auf einem Halbleiterbauelement monolithisch integriert werden. Durch diese Integration von Bauelementen verschiedener Spannungsklassen zeichnen sich Smart-Power-Schaltkreise durch komplexe Versorgungsstrukturen aus. In heutigen Technologien werden lokale Versorgungsspannungen von 1,8 V bis 60 V bereitgestellt. Da es keine universellen ESD-Schutzstrukturen gibt, welche den gesamten Spannungsbereich optimal abdecken, muss für jeden Schaltungsblock ein angepasstes ESD-Schutzkonzept entwickelt werden [WF01]. Bei Untersuchungen zu elektrostatischen Entladungen in solchen Schaltungen beeinflussen Kopplungen zwischen Versorgungsdomänen verschiedener Schaltungsblöcke sowie Verschiebungsströme durch Kapazitäten innerhalb von Bauelementen das Verhalten des gesamten integrierten Schaltkreises maßgeblich. Aus diesem Grund ist zusätzlich zur Verifiaktion einzelner Schaltungsblöcke in frühen Entwicklungsstadien eine Simulation der gesamten Schaltung nötig, um die Wechselwirkungen der Blöcke untereinander analysieren und bewerten zu können [LKK02].

2.1 Hochstromverhalten von Halbleiterbauelementen

Ausfälle von Halbleiterbauelementen durch ESD-Impulse können durch elektrostatische oder elektrothermische Überlast verursacht werden. Dabei lassen sich die resultierenden Fehler in drei Gruppen einteilen [Dab98, PC01, SSS08]:

- Schädigung von Halbleiterübergängen
- Schädigung von Isolationsschichten
- Schädigung von Metall-/Via-Verbindungen

In integrierten Schaltkreisen werden vor allem MOS-, bipolar-Transistoren und Dioden eingesetzt, um den auftretenden Impuls über einen niederohmigen Pfad gegen das

2 ESD-Schaltungsverifikation von Mixed-Signal-Schaltkreisen

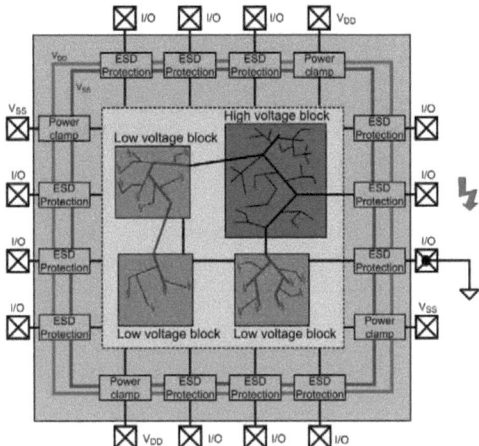

Abb. 2.1: Vereinfachte Darstellung eines ESD-Schutzkonzeptes für einen integrierten Schaltkreis mit einer Versorgungsdomäne

Bezugspotential abzuleiten und somit empfindliche Schaltungsteile zu schützen. Aber auch Silizium-Widerstände weisen eine Snapback- bzw. Durchbruchcharakteristik auf und müssen im Hochstrombereich korrekt modelliert werden.

2.1.1 Diffusions-Widerstände

Im Gegensatz zu Metall- oder Poly-Widerständen weisen Diffusions-Widerstände eine Snapback- bzw. Durchbruchcharakteristik auf, da diese in Abhängigkeit des verwendeten Substrates durch eine p- oder n-Dotierung realisiert werden. Der Leitwert läßt sich durch die Geometrie und die Dotierung beeinflussen und ergibt sich im Fall einer p-Dotierung für den linearen Bereich (siehe Abbildung 2.2) durch Gleichung 2.1 [Sze01]. Dabei ist q die Elementarladung, μ_p die Beweglichkeit der Löcher, $p(x)$ die Dotierungsdichte, L die Länge, W die Weite und x die Tiefe der Dotierung.

$$G = q \frac{W}{L} \cdot \int_0^{x_j} \mu_p \cdot p(x) dx \qquad (2.1)$$

In Abbildung 2.2 ist die Strom-Spannungs-Charakteristik eines Diffusions-Widerstandes qualitativ dargestellt. Wird der Sättigungsstrom I_{sat} erreicht, steigt der Widerstand an, so dass das näherungsweise lineare Verhältnis von Strom und Spannung nach Gleichung 2.1 nicht mehr gegeben ist. Überschreitet die Feldstärke den

2.1 Hochstromverhalten von Halbleiterbauelementen

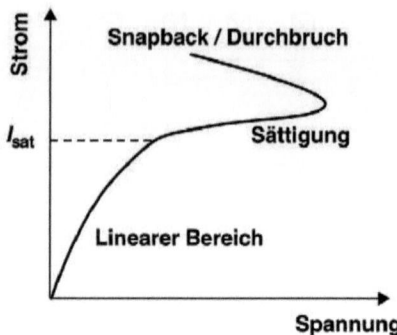

Abb. 2.2: Kennlinie eines Diffusions-Widerstand [AD02]

Wert, ab dem es zur Stoßionisation kommt, sinkt die Spannung bei steigendem Stromfluss, so dass sich ein negativer differentieller Widerstand einstellt. Steigt der Stromfluss weiter an, wird der Schmelzpunkt von Silizium erreicht und es kommt zu irreversiblen Schäden.

2.1.2 Dioden

In Mixed-Signal Schalkreisen werden häufig Dioden als ESD-Schutzelement verwendet, da die Dimensionierung und Implementierung weniger komplex ist als z.b. ein MOS-Transistor mit aufwendiger Ansteuerung des Gate-Anschlusses. Dioden können in Durchlass- oder Sperrrichtung betrieben werden, um z.b. das Potential eines MOS-Transistors unterhalb der Zerstörungsschwelle zu halten. In Durchlassrichtung weisen diese Bauelemente ab einer Spannung von ca. 0,8 V (bei Verwendung von Siliziumsubstrat) eine niederige Impedanz auf und bieten somit die Möglichkeit, die Energie einer elektrostatischen Entladung gegen Masse abzuleiten.

Dioden, welche im Rückwärtsbetrieb arbeiten, können so dimensioniert werden, dass entweder ein Lawinen- oder ein Zener-Durchbruch eingeleitet wird. Dadurch wird die Spannung über dem Bauelement begrenzt und der Strom definiert abgeleitet. Die Durchbruchspannung V_B ist dabei von Materialparametern abhängig und berechnet sich nach Gleichung 2.2 [GHLM01]:

$$V_B = \frac{\epsilon(N_A + N_D)}{2qN_AN_D} \cdot E_{crit}^2 \tag{2.2}$$

Dabei ist N_A die Dotierungsdichte der Akzeptoren, N_D die Dotierungsdichte der Donatoren, q die Elementarladung, ϵ die Dielektrische Konstante und E_{crit} die

2 ESD-Schaltungsverifikation von Mixed-Signal-Schaltkreisen

kritische Feldstärke von Silizium.

2.1.3 Bipolar-Transistoren

Unter normalen Arbeitsbedingungen wird der Stromfluss innerhalb eines bipolar-Transistors von der Elektronenstromdichte J_n dominiert (siehe Gleichung 2.3[AD02]).

$$J_n = J_S \left[e^{\frac{qV_{bc}}{kT}} - e^{\frac{qV_{be}}{kT}} \right] \quad (2.3)$$

V_{bc} und V_{be} sind dabei die Basis-Kollektor- bzw. die Basis-Emitter-Spannungen, k die Boltzmann Konstante, T die Temperatur und q die Elementarladung eines Elektrons. J_S repräsentiert die Sättigungsstromdichte, welche im Wesentlichen von Technologieparametern abhängt. Unter normalen Arbeitsbedingungen wird der Term $e^{\frac{qV_{bc}}{kT}}$ sehr viel kleiner als der Stromanteil $e^{\frac{qV_{be}}{kT}}$, so dass sich der Kollektorstrom nach Gleichung 2.4[AD02] zusammensetzt (V_{CE} ist dabei konstant).

$$I_C = I_S \cdot e^{\frac{qV_{be}}{kT}} \quad (2.4)$$

In Abbildung 2.3 ist der Verlauf des Kollektorstroms gegenüber der Kollektor-Emitter Spannung dargestellt. Für I_B gleich Null Ampere ergibt sich der Stromfluss durch den in Rückwärtsrichtung betriebenen Kollektor-Basis-pn-Übergang. Die sich somit ergebende Kollektor-Emitter-Durchbruchspannung wird als BU_{CB0} bezeichnet. Wenn I_B größer als Null Ampere ist, ist die Kollektor-Emitter-Durchbruchspannung gleich BU_{CE0}, welche geringer ist als BU_{CB0}. Dieser Effekt muss durch die Simulationsmodelle, welche für Schaltungssimulationen von elektrostatischen Entladungen verwendet werden, wiedergegeben werden, ohne die numerische Stabilität der Simulation negativ zu beeinträchtigen.

2.1.4 MOS-Transitoren

Das Hochstromverhalten eines MOS-Transistors wird maßgeblich durch den parasitären bipolar-Transistor zwischen den Anschlüssen Drain, Source und Substrat bestimmt.

In Abbildung 2.4 ist der Querschnitt eines MOS-Transistors mit parasitärem bipolar-Transistor sowie die entsprechende Strom-Spannungs-Charakteristik dargestellt. Tritt am Drain-Anschluss des NMOS-Transistors ein positiver, hoher Spannungsimpuls

2.1 Hochstromverhalten von Halbleiterbauelementen

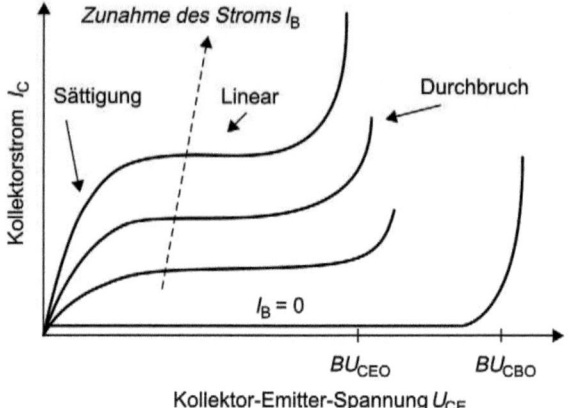

Abbildung 2.3: Kollektorstrom als Funktion der Kollektor-Emitter-Spannung U_{CE} in Abhängigkeit des Basisstroms I_B [AD02]

auf und sind Gate und Source des Transistors mit dem Bezugspotential kurzgeschlossen, so befindet sich der p-n Übergang (Kollektor - Basis) des parasitären bipolar-Transistors in Sperrrichtung. Übersteigt die Spannung am Kollektor einen bestimmten Wert, kommt es zur Stoßionisation im Kollektor-Basis-Übergang und somit zum Lawinendurchbruch (Avalanche breakdown). Der daraus resultierende Strom wird über die Basis gegen das Bezugspotential abgeleitet und ruft einen Spannungsabfall über dem Substratwiderstand R_{sub} hervor. Erreicht die Potentialdifferenz über dem Substratwiderstand die Einschaltschwelle des parasitären lateralen bipolar-Transistors (LNPN), wird ein niederohmiger Pfad zwischen dem Drain- und Source-Anschluss hergestellt. Dieser Punkt wird in der Strom-Spannungscharakteristik durch die Koordinaten (I_{t1}, V_{t1}) dargestellt. Durch den Einschaltvorgang des LNPN stellt sich am Drain-Anschluss die Haltespannung V_h ein. Dieser Vorgang wird auch als Snapback bezeichnet. Die Haltespannung V_h sollte dabei geringer sein als die Zerstörungsschwelle benachbarter Bauelemente. Somit stellt der NMOS-Transistor ein Schutzelement für empfindlichere Schaltungsteile dar. Sobald die Haltespannung V_h erreicht ist, bildet die Kollektor-Emitter-Strecke des bipolar-Transistors einen niederohmigen Pfad, über den der Strom zum Bezugspotential abgeleitet werden kann. Dieser Vorgang kann allerdings nur begrenzt fortgesetzt werden. Wird die Spannung V_{t2} und der Strom I_{t2} erreicht, kommt es zum thermischen Ausfall des Bauelementes durch Aufschmelzen des Halbleitermaterials. Dieser nicht reversible Prozess wird auch als Second bzw. Thermal Breakdown bezeichnet [AD02, Rus99, Dab98]. Ähnlich wie beim bipolar-Transistor wird bei MOS-Transistoren die Anschaltspannung V_{t1}

2 ESD-Schaltungsverifikation von Mixed-Signal-Schaltkreisen

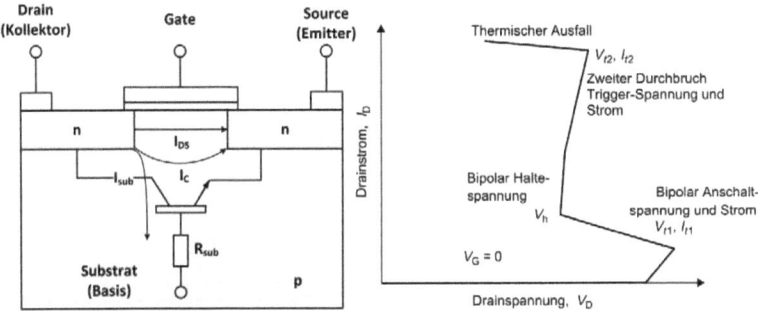

Abbildung 2.4: Querschnitt eines NMOS-Transistors (links); Snapback-Kennlinie eines NMOS-Transistors (rechts) [AD02]

bzw. der Anschaltstrom I_{t1} durch die Ansteuerung des Gate-Anschlusses beeinflusst. In Abbildung 2.5 sind TLP-Kurven eines DMOS-Transistors mit einer Gate-Source-Spannung von 0 V bis 20 V dargestellt. Der sichere Arbeitsbereich (SOA) hängt somit nicht nur von technologischen Parametern oder der Dimensionierung des Bauelements ab, sondern auch von der Schaltungstopologie.

Zwischen den Anschlüssen Drain, Source, Bulk und Substrat müssen somit die möglichen Ausfälle der entsprechenden pn-Übergänge modelliert werden. Zusätzlich dazu müssen Gate-Oxid-Schädigungen ebenfalls durch die Simulationsmodelle abgebildet werden. In heutigen Bauelementmodellen wird üblicherweise nur das funktionale Verhalten berücksichtigt. In der Regel wird beim Überschreiten zulässiger Parameter eine Warnung während der Simulation ausgegeben. Die Ergebnisse der folgenden Simulationsschritte entsprechen dann nicht mehr dem realen Verhalten der Bauelemente.

2.2 ESD-Belastungsmodelle und Systemtest

Um ESD-Tests an integrierten Schaltkreisen durchführen zu können, muss der Entladevorgang im Labor nachgebildet werden können. Dabei unterscheidet man grundsätzlich zwischen zwei Szenarien:

- Entladungen einer Person bzw. einer Maschine über einen Anschlusskontakt des integrierten Schaltkreises zum Bezugspotential
- Ausgleichsvorgänge aufgeladener integrierter Schaltkreise zum Bezugspotential

2.2 ESD-Belastungsmodelle und Systemtest

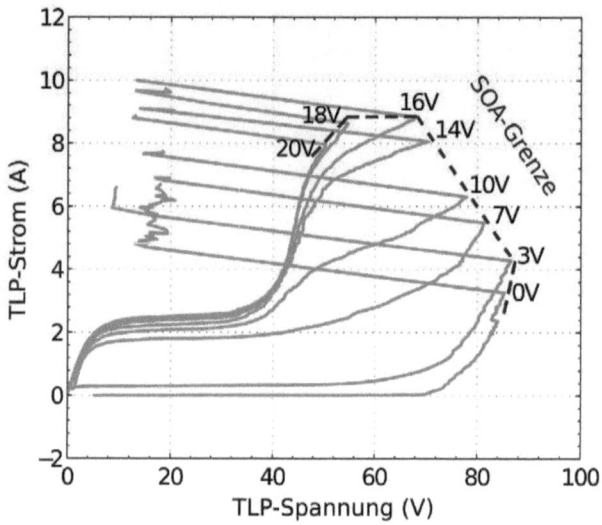

Abb. 2.5: Abhängigkeit der Anschalt-Spannung von der Gate-Ansteuerung [CGFS10]

Das Human Body Model (HBM) beschreibt Personenentladung, wohingegen das Machine Model (MM) Entladung von Objekten, wie z.B. Maschinen, nachbildet. Das Charged Device Model (CDM) geht von einem geladenen Schaltkreis aus, der sich über einen Anschlusskontakt entlädt. Aus diesen Modellen wurden für die unterschiedlichen Entladungsarten eigene Testmodelle entwickelt. Man spricht deshalb auch von ESD-Test- oder ESD-Stressmodellen. Bei ESD-Tests, die nach diesen Modellen durchgeführt werden, befindet sich der integrierte Schaltkreis im ausgeschalteten Zustand. Dabei wird immer ein Pin gegen Masse belastet. Alle anderen Anschlüsse des Schaltkreises sind auf das Massepotential gelegt.

Um durch eine Schaltungssimulation realistische Ergebnisse und belastbare Aussagen über die Robustheit eines Schaltkreises zu erzielen, ist die Nachbildung der Impulsquelle von enormer Bedeutung. Im Rahmen dieser Arbeit sollen die in den Abschnitten 2.2.1 und 2.2.2 dargestellten Belastungsmodelle unterstützt werden.

2.2.1 Human-Body-Model

Berührt eine geladene Person einen Anschlusskontakt eines geerdeten integrierten Schaltkreises, wird die Ladung der Person über das Bauelement gegen das Bezugspotential abgeführt. Dieser Vorgang wird durch ein einfaches Ersatzschaltbild, bestehend

2 ESD-Schaltungsverifikation von Mixed-Signal-Schaltkreisen

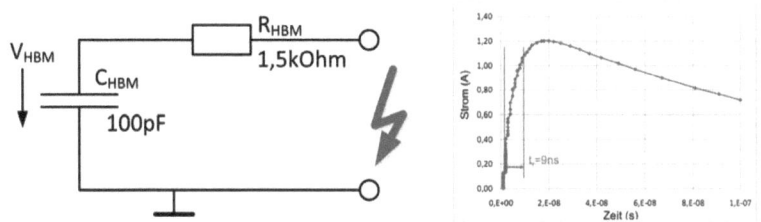

Abbildung 2.6: Ersatzschaltbild des Human-Body-Model (links) und der sich ergebende Stromverlauf (rechts)

aus einer Kapazität und einem Widerstand, modelliert (siehe Abbildung 2.6 links). Die auf die Spannung V_{HBM} geladene Kapazität C_{HBM} von 100 pF stellt dabei die Kapazität des menschlichen Körpers gegenüber der Umgebung dar. Der Widerstand R_{HBM} von 1,5 kΩ repräsentiert den elektrischen Widerstand des Entladepfades bei der Berührung des Anschlusskontaktes eines integrierten Schaltkreises mit einem Finger.

Da die Impedanz der HBM-Pulsquelle verglichen mit der Impedanz des Entladepfades um mehrere Größenordnungen höher ist, stellt das Modell des HBM-Pulses eine Stromquelle dar. Die maximale Amplitude des Stroms kann nach [Rus99] approximiert werden:

$$I_{\max} \sim \frac{V_{\mathrm{HBM}}}{R_{HBM}} \qquad (2.5)$$

Typische Anstiegszeiten von HBM-Impulsen liegen im Bereich von zwei bis hin zu 10 ns [AD02].

2.2.2 Machine-Model

Das besonders in Japan und USA verbreitete Machine-Model bildet die Entladung einer Maschine oder eines Menschen, welcher ein elektrisch gut leitendes Werkzeug in der Hand hält, über einen Anschlusskontakt des integrierten Schaltkreises hin zum Bezugspotential nach. Dazu ist das Ersatzschaltbild des HBM mit anderem Parametersatz verwendet worden. Das Element C_{MM} hat dabei eine Kapazität von 200 pF und der Entladewiderstand wird kurzgeschlossen, da hier eine Entladung über einen Pfad niedriger Impedanz modelliert werden soll.

Die serielle Induktivität des Entladepfades sowie der Lastwiderstand bilden zusammen mit der Impulsquelle einen Schwingkreis. Der oszillierende Verlauf des Stromes (siehe Abbildung 2.7) resultiert aus der geringen Dämpfung des Gesamtsystems [Rus99].

2.2 ESD-Belastungsmodelle und Systemtest

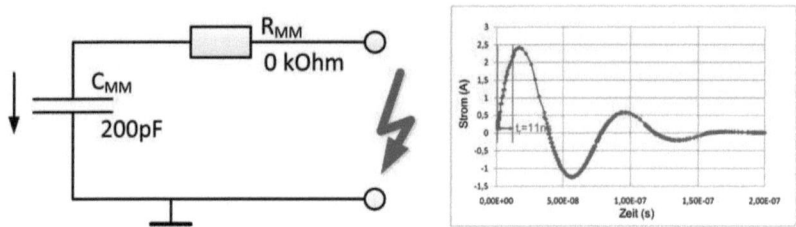

Abb. 2.7: Stromverlauf eines Impulses nach dem Machine-Model

2.2.3 Transmission Line Pulsing

Transmission Line Pulsing wurde entwickelt, um sowohl das statische als auch das dynamische Verhalten von Bauelementen und Schaltungsblöcken zu analysieren. Ursprünglich wurde dieses Verfahren zur Charakterisierung von ESD-Schutzelementen sowie Ein- und Ausgangsstrukturen entwickelt[MK85, ARBK91]. In Kombination mit Messtechnik zur Bestimmung von Leckströmen wird Transmission Line Pulsing auch für Belastungstests gesamter integrierter Schaltkreise angewendet. In Abbildung 2.8 ist die Anregung der Schaltung (links), eine sich typischerweise ergebende Strom-Spannungs-Charakteristik (Mitte), sowie das Erreichen des Fehlerkriteriums (rechts) dargestellt. Die Anregung erfolgt dabei mit Rechteck-Impulsen einer Pulsdauer im Bereich von einigen Nanosekunden. Der Abstand zwischen den Impulsen bewegt sich in der Größenordnung von Sekunden. Zu jedem gesendetem Impuls werden die entsprechenden Strom- und Spannungswerte ermittelt und in einem Diagramm aufgetragen (siehe Diagramm in der Mitte von Abbildung 2.8). Durch diese quasi-statische Anregung wird das transiente Verhalten der Schaltung gut abgebildet, so dass sich dieses Verfahren mittlerweile als Standard zur Bestimmung der Ausfallschwelle von integrierten Schaltungen etabliert hat. Um einen Defekt der Schaltung zu detektieren, wird vor und nach jedem Impuls eine Messung des Leckstromes durchgeführt. Überschreitet der Leckstrom einen bestimmten Schwellwert (Fehlerkriterium), deutet dies auf einen Defekt innerhalb des zu untersuchenden Schaltkreises hin (siehe Diagramm in Abbildung 2.8 rechts). Die Ergebnisse von Untersuchungen mittels Transmission Line Pulsing werden in dieser Arbeit genutzt, um den sicheren Arbeitsbereich von Bauelementen zu bestimmen und daraus parametrisierbare Simulationsmodelle zu generieren, welche das Hochstromverhalten geeignet abbilden können. Zum Vergleich der Simulationsergebnisse mit realen ESD-Tests wird ebenfalls TLP eingesetzt, um die Ausfallschwelle von Schaltkreisen zu untersuchen und in Verbindung mit Light-Emmission Mikroskopie die defekten Bauelemente zu lokalisieren.

2 ESD-Schaltungsverifikation von Mixed-Signal-Schaltkreisen

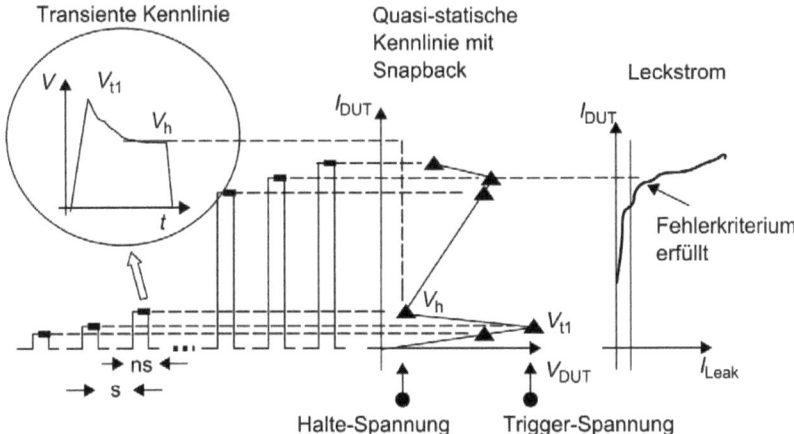

Abb. 2.8: Anregung einer Transmission Line Pulsing (links), Strom-Spannungs-Charakteristik (Mitte), Auswertung von Leckströmen (rechts)[AD02]

2.3 Ansätze zur Verifikation integrierter Schaltungen bei ESD-Belastungen

Der heutige Markt der EDA-Software bietet kein Werkzeug zur effizienten Schaltungsverifikation integrierter Schaltungen gegenüber elektrostatischen Entladungen. Dies liegt einerseits am Fehlen der Simulationsmodelle, welche das Verhalten bei hohen Strömen beschreiben, als auch an der Komplexität der Schaltungen und den damit zusammenhängenden Konvergenzproblemen.

Zur ESD-Verifikation von integrierten Schaltungen existieren die folgenden Abschnitten beschriebenen Ansätze.

2.3.1 Manuelle Strompfadextraktion

Innerhalb heutiger Entwicklungsabläufe integrierter Mixed-Signal-Schaltkreise versuchen Schaltungsentwickler in der Phase der Schaltungsverifikation manuell die Komplexität der Schaltung auf die Blöcke und Bauelemente zu reduzieren, welche wahrscheinlich aktiv an der Ableitung des Impulses gegen das Bezugspotential beteiligt sind. Meist werden dabei Simulationsmodelle verwendet, die auf Basis von Erfahrungswerten erstellt wurden. Bei diesem Prozess muss der Schaltungsentwickler detaillierte Kenntnisse der verwendeten Technologie besitzen, um parasitäre Effekte, z.B. durch kapazitive Kopplungen, berücksichtigen zu können. Außerdem ist es

2.3 Ansätze zur Verifikation integrierter Schaltungen bei ESD-Belastungen

notwendig, dass dabei die gesamte Topologie und Funktionalität des integrierten Schaltkreises betrachtet wird, um z.b. Schaltungsteile durch vereinfachte Simulationsmodelle ersetzen zu können. Weiterhin können sich die Ausbreitungspfade über mehrere Hierarchieebenen eines komplexen integrierten Schaltkreises erstrecken, so dass die manuelle Extraktion ein sehr zeitaufwendiger und auch fehleranfälliger Prozess sein kann [DSZG04, MGS+05, MGK+05]. Darum besteht die Notwendigkeit den Automatisierungsgrad dieses Prozesses zu erhöhen.

2.3.2 Transiente Schaltungssimulationen mit Hochstrommodellen

Hochstrom-Simulationsmodelle beschreiben das Verhalten von Bauelementen in Strom- bzw. Spannungsbereichen nahe der Zerstörungsgrenze. Bei funktionalen Simulationen können diese Modelle in der Regel nicht eingesetzt werden, da die Modellierung des Hochstromverhaltens die Komplexität des Simulationsmodells und die numerische Instabilität von Schaltungssimulationen erheblich steigert [BKF08]. Doch um den Einfluss von Technologieparametern auf das Verhalten einzelner ESD-Schutzelemente zu testen oder kleinere Schaltungsteile, wie z.B. Ein- und Ausgangsblöcke zu simulieren, sind ESD-Hochstrommodelle eine Möglichkeit, bereits in der frühen Phase des Entwicklungszyklus Verifikationsmaßnahmen durchzuführen [LJBR06, MWM+99, ZWHL07].

Da jedoch bei Mixed-Signal-Schaltkreisen komplexe Wechselwirkungen zwischen Schutzschaltungen und den eigentlichen funktionalen Schaltungsblöcken bestehen, ist es notwendig alle Schaltungsblöcke in den Verifikationsprozess einzubeziehen [LKK02]. Um dabei die numerische Stabilität der Simulation zu erhöhen ist die Entwicklung angepasster Modelle nötig. Diese stellen einen Kompromiss zwischen der Genauigkeit außerhalb des sicheren Arbeitsbereiches und Konvergenz beim Simulationsprozess dar.

2.3.3 Statische Verifikation elektrostatischer Entladungen

In [BI00] wird ein zweistufiger Ansatz einer Analyse kompetter integrierter Schaltkreise vorgestellt, bei dem die gesamte Netzliste im ersten Schritt reduziert und anschließend eine Simulation der verkleinerten Netzliste durchgeführt wird. Der Reduktionsalgorithmus analysiert die kritische Durchbruchspannungen in jeder Schleife zwischen dem gestressten Anschlusskontakt und dem Anschlusskontakt des Bezugs-

2 ESD-Schaltungsverifikation von Mixed-Signal-Schaltkreisen

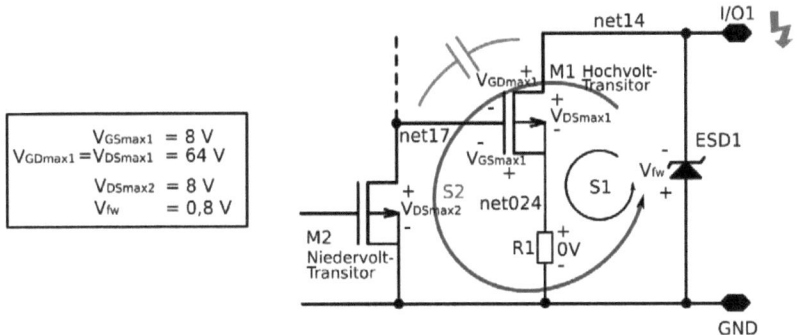

Abb. 2.9: Kriterium zur Erstellung der reduzierten Netzliste [BI00]

potentials. Wenn gilt:

$$\sum_{j=1}^{N} V_{BDj} < V_{max}$$

wird die Schleife im weiteren Verlauf der Analyse berücksichtigt, ansonsten reduziert sich die Netzliste um die Bauelemente der betrachteten Schleife. Dabei ist V_{max} eine vom Benutzer definierte Maximalspannung für den Analysevorgang, V_{BDj} die kritische Durchbruchspannung des betrachteten Elements und N die Anzahl der Bauelemente in der betrachteten Schleife. Passiven Bauelementen wird eine kritische Durchbruchspannung von Null Volt zugewiesen. Nachdem die Größe der Netzliste reduziert wurde, wird eine SPICE-Simulation durchgeführt. Dabei werden Simulationsmodelle verwendet, die das Durchbruchverhalten im ESD-Fall vereinfacht wiedergeben. Hierzu verwendet man zwei Zener-Dioden, welche mit entgegengesetzter Polarität seriell verschaltet werden (anti-serielle Dioden). Die Durchbruchspannungen, z.B. eines p-n Übergangs, entsprechen somit den Zenerspannungen der Zener-Dioden.

In Abbildung 2.9 ist der Algorithmus zur Netzlistenreduktion an einem einfachen Beispiel dargestellt. Zwischen dem Anschluss I/O1 und GND bilden sich die beiden Schleifen S1 und S2 aus. Die Summe der Durchbruchspannungen in Schleife S1 beträgt somit 64,8 V, wohingegen die Summe der Spannungen in Schleife S2 einen Wert von 72 V aufweist. Wählt der Nutzer eine Belastung mit $V_{max} > 72V$, werden beide Schleifen in die Netzliste aufgenommen. Bei $V_{max} < 64,8V$ wird keine Schleife und bei $64,8V < V_{max} < 72V$ nur Schleife S1 in die reduzierte Netzliste eingebunden. Dieses einfache Beispiel zeigt, dass der in [BI00] vorgestellte Algorithmus zur Netzlistenreduktion sehr stark von der Wahl der Belastungsspannung abhängt und somit auch von der Erfahrung des Nutzers.

Würde die Schleife S2 nicht in der weiteren Analyse betrachtet werden, könnten

2.3 Ansätze zur Verifikation integrierter Schaltungen bei ESD-Belastungen

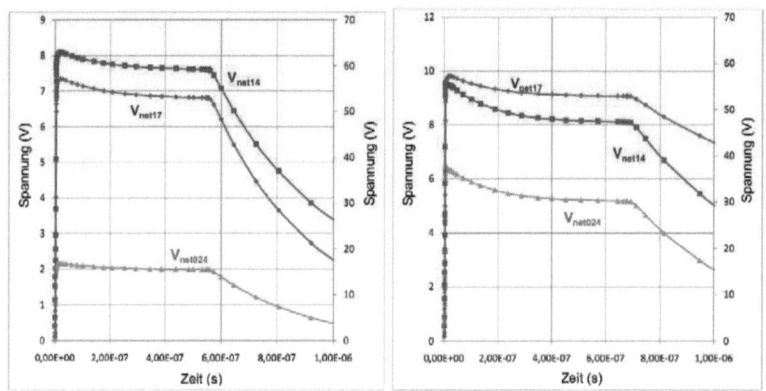

Abb. 2.10: Simulation der transiente Kopplung eines Hochvolt-Transistors; Fall 1 mit R=50 Ω links und Fall 2 mit R=500 Ω rechts (siehe Abbildung 2.9; V_{net14} bezieht sich auf die rechte Skala der Diagramme)

potentielle Bauelementdefekte bei einer kapazitiven Kopplung des Impulses über die Gate-Drain-Kapazität des Transistors M1 auf das Netz net17 übersehen werden. Dies verdeutlichen die Simulationsergebnisse in Abbildung 4.4. Bei beiden Simulationen wurde der Anschluss I/O1 mit einem 2kV-HBM-Puls gegen GND belastet. Der einzige Unterschied der Schaltungen ist die Dimensionierung des Widerstandes R1. Im Fall 1 ist R1 auf 50 Ω und im Fall 2 auf 500 Ω ausgelegt. Allein durch die unterschiedliche Dimensionierung des Widerstandes im Drain-Source-Strompfad des Transistors M1 wird die kapazitive Kopplung des Impulses auf das Netz net17 dahingehend beeinflusst, dass im Fall 2 die maximale Drain-Source-Spannung von 8 V des Transistors M2 überschritten wird und im Fall 1 nicht.

Nach eigener Aussage [BI00] ist durch die Vielzahl möglicher Pfade die Anwendbarkeit dieses Verfahrens für Fälle, in denen ein Versorgungsnetz beteiligt ist, stark eingeschränkt. Parasitäre Kapazitäten, Widerstände und Induktivitäten müssen in der beschriebenen Ausbaustufe dieses Verfahrens manuell in die Netzliste eingefügt werden, um den Einfluss z.B. großer Versorgungsnetze wiedergeben zu können.

Da die Versorgungsnetze integrierter Schaltkreise gegenüber Signalleitungen besonders niederohmig ausgelegt werden, spielen diese bei der Ausbreitung und Ableitung von elektrostatsichen Entladungen ein große Rolle. Um die Extraktion von Entladungspfaden über komplexe Versorgungsnetze zu ermöglichen ist eine recheneffiziente Implementierung der entsprechenden Algorithmen nötig.

Der in [Str03] vorgestellte Verifikationsansatz modelliert das Verhalten aller Bau-

2 ESD-Schaltungsverifikation von Mixed-Signal-Schaltkreisen

elemente (außer Widerstände) durch stückweise lineare Kennlinien. Dabei existiert ein Parametersatz für den Fall des Durchbruchs und ein anderer für den Fall des Snapbacks (Abbildung 2.11). Anschließend werden Gleichstromsimulationen von allen möglichen Kombinationen dieser Kennlinien durchgeführt und die physikalisch nicht sinnvollen Ergebnisse verworfen. Durch das Vermeiden der Modellierung des negativen Widerstandes im Fall des Snapbacks reduziert sich die Anzahl der Gleichungen zur Lösung der Gleichstromsimulation erheblich und eine stabile und schnelle Analyse wird möglich [LZ97]. Die Anzahl der nötigen Gleichstromsimulationen beläuft sich bei N ESD-Schutzelementen auf 2^N. Durch die Annahme, dass der ungünstigste Fall der Zustand ist, wenn sich eine geringe Anzahl von ESD-Schutzelementen im Snapback befinden, kann die Anzahl der Simulationen auf $\binom{N}{k}_{k=1}^{m}$ reduziert werden. Hierbei ist m die Anzahl der ESD-Schutzelemente, welche gleichzeitig aktiviert werden. Kapazitive Verschiebungsströme werden durch Nutzung der Gleichstromsimulation nicht betrachtet. Dynamische Vorgänge können bei elektrostatischen Entladungen, wie z.B. das Anschalten eines MOS-Transistors, durch diesen Simulationsansatz nicht erfasst werden.

Der in [Str03] vorgestellte Ansatz konzentriert sich nur auf die Extraktion von Strompfaden der Versorgungsnetze sowie Ein- und Ausgangsstrukturen. Durch eine einfache Prüfung der maximalen Spannungswerte an den Schnittstellen zwischen internen Schaltungsblöcken und den Versorgungsnetzen bzw. Ein- und Ausgangsstrukturen, wird eine Schädigung der funktionalen Bauelemente ermittelt. Verschiebungsströme durch parasitätres Verhalten der funktionalen Schaltungsblöcke werden hierbei nicht berücksichtigt. Außerdem wird in diesem Ansatz nur eine mögliche Schädigung der Schaltung angezeigt. Die Ursache des Fehlverhaltens kann dabei aber nicht aufgezeigt werden. Darum ist es notwendig die internen Schaltungsblöcke in die Simulation mit einzubeziehen und somit eine Extraktion von Strompfaden über den gesamten Schaltkreis hinweg zu ermöglichen.

2.3.4 Dynamische ESD-Verifikation mittels Makromodellen

In [LKK02] wird ein Algorithmus zur Verifikation integrierter Schaltungen gegenüber Belastungen nach dem Charged Device Model vorgestellt. Dabei ist der integrierte Schaltkreis z.B. während des Transports elektrostatisch aufgeladen worden und bei Kontakt mit einem geerdeten elektrisch leitenden Gegenstand wird die Ladung gegen das Bezugspotential abgeleitet. Die Ausgangsbasis dieses Algorithmus bildet ein Layout. Daraus werden die parasitären Widerstände und Kapazitäten extrahiert. Im nächsten Schritt wird die Schaltung in Blöcke unterteilt und für jeden Block ein

2.3 Ansätze zur Verifikation integrierter Schaltungen bei ESD-Belastungen

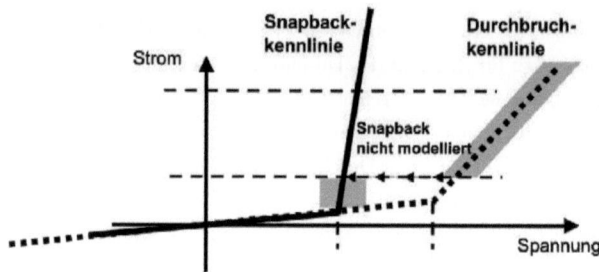

Abbildung 2.11: Vereinfachung der Kennlinie von Halbleiterbauelementen durch eine Durchbruch- und eine Snapback-Charakteristik [Str03]

Makromodell erstellt. Da die Ladung beim Charged Device Model in der Regel den Weg des geringsten Widerstandes über die Versorgungsnetze wählt, beinhalten die Makromodelle ESD-Schutzelemente, parasitäre Widerstände und Kapazitäten der Versorgungsnetze sowie Eingangs- und Ausgangstreiberstufen. Die Blöcke werden anhand von Funktionalität und Zugehörigkeit zu Versorgungsnetzen gebildet. In Abbildung 2.12 ist das Makromodell eines Eingangstreibers dargestellt. Die Widerstände R_{I1} und R_{I2} stellen die parasitären Widerstände des Versorgungsnetzes dar. In der Kapazität C_{DSI} sind die Kapazitäten der Schaltung zusammengefasst, welche die Eingangsstufe treibt. Durch die Kapazitäten C_{DD} und C_{SS} werden die parasitären Elemente des Packages modelliert.

Ebenso wie [Str03] konzentriert sich dieses Verfahren auf die Versorgungsnetze sowie die Ein- und Ausgangsstrukturen des Schaltkreises. Die funktionalen Schaltungsblöcke werden als Makromodelle aus Widerständen und Kapazitäten modelliert. Dadurch kann zwar eine Überlastung von Funktionsblöcken detektiert, die Ursache aber nicht aufgezeigt werden. Auch die Beschränkung auf das Belastungsmodell Charged-Device-Modell stellt eine Einschränkung dieses Verfahrens dar. Darum werden einfache Simulationsmodelle bis auf Bauelementebene benötigt, welche die Modellierung das Verhalten außerhalb des sicheren Arbeitsbereiches erlauben und somit eine Strompfadextraktion bis zur Ebene der funktionalen Bauelemente ermöglichen.

2.3.5 Ansatz dieser Arbeit

In [Gro04] wird vorgeschlagen, die Schaltung zwar transient (oder anderweitig geeignet) zu simulieren, aber durch eine vereinfachte Durchbruchmodellierung die numerische Stabilität der Analyse zu gewährleisten (siehe 2.3.2), in der Hoffnung, damit auch vollständige Schaltungen untersuchen zu können. Auf diese Weise sollen

2 ESD-Schaltungsverifikation von Mixed-Signal-Schaltkreisen

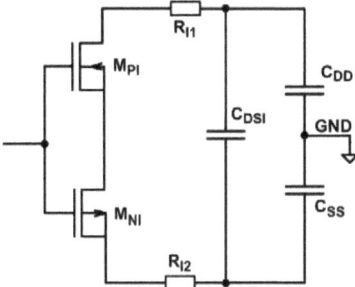

Abb. 2.12: Makromodell eines Schaltungsblockes bestehend aus parasitären Widerständen und Kapazitäten sowie Ein- und Ausgangstreibern [LKK02]

einerseits die bei einer statischen Verifikation (siehe 2.3.3) nicht beschreibbaren transienten und nichtlinearen Effekte berücksichtigt, andererseits aber auch die Bauelementschädigungen im Rahmen der vereinfachten Durchbruchmodellierungen im Sinne eines worst-case gekennzeichnet werden.

Eine anschließende Strompfadextraktion soll die Ursache von möglichen Schädigungen für den Entwickler sichtbar und die Funktionalität des ESD-Schutzkonzeptes überprüfbar machen. Diese Analyseschritt wird dadurch möglich, dass bei einer potentiellen Bauelementschädigung innerhalb der Durchbruchmodellierung ein zusätzlicher Stromfluß entsteht.

In dieser Arbeit soll die Umsetzbarkeit und das Potential dieses Ansatzes untersucht, sowie eine geeignete Software-Implementierung innerhalb einer produktiven Entwicklungsumgebung realsiert werden. Dabei wird die Anwendbarkeit des entwickelten Verfahrens auf Analysen von gesamten ICs geprüft und Vor-und Nachteile verschiedener Implementierungsvarianten herausgearbeitet. Die für eine solche Umsetzung zu stellenden Anforderungen an das Werkzeug werden im Abschnitt 2.4 beschrieben, bevor in den folgenden Kapiteln mögliche Methoden für die Analyse der Schaltungen untersucht und das entwickelte Werkzeug im Detail beschrieben und verifiziert wird.

2.4 Anforderungen einer Verifikationsmethodik für Smart-Power-Schaltkreise

Die in den Abschnitten 2.3.1 bis 2.3.4 beschriebenen ESD-Verifikationsansätze sind für Smart-Power-Technologien nicht anwendbar, da entweder die Fehleranfälligkeit aufgrund der hohen Schaltungskomplexität nicht akzeptabel ist oder die defekten

2.4 Anforderungen einer Verifikationsmethodik für Smart-Power-Schaltkreise

Bauelemente durch den gewählten Modellierungsansatz nicht bis auf die Ebene einzelner Instanzen aufgelöst werden können.

Um nach dem in dieser Arbeit gewählten Ansatz das Verhalten von integrierten Schaltungen während einer elektrostatischen Entladung durch Schaltungssimulationen bewerten zu können und die Ursache möglicher Überlastungen effizient zu ermitteln, müssen folgende Voraussetzungen gegeben sein:

- Effiziente Hochstrommodellierung
- Recheneffiziente Analyse und Darstellung der Simulationsdaten
- Optimiertes Simulations- und Analyseverfahren

Effiziente Hochstrommodellierung

Neben der Konfiguration des Analyseverfahrens hat der Aufbau und die Dimensionierung der Simulationsmodelle entscheidenden Einfluss auf die numerische Stabilität der Schaltungssimulation. Eine Beschreibung des Bauelementverhaltens außerhalb des sicheren Arbeitsbereiches geht dabei immer mit einer Steigerung der Komplexität der Simulationsmodelle einher. Es muss dabei ein Kompromiss zwischen Genauigkeit und Komplexität der Simulationsmodelle eingegangen werden, um einerseits verwertbare Simulationsergebnisse zu erzielen und andererseits überhaupt eine numerisch stabile Simulation zu ermöglichen.

Recheneffiziente Analyse und Darstellung der Simulationsdaten

Da bei Schaltungssimulation komplexer integrierter Schaltkreise große Datenmengen im Bereich mehrerer Gigabyte anfallen ist es notwendig, eine automatisierte Analyse der Daten durchzuführen und die Daten dem Entwickler grafisch aufbereitet darzustellen. Dabei müssen mögliche Schädigungen von Bauelementen und idealerweise deren Ursachen durch den Visualisierungsprozess wiedergegeben werden.

Optimiertes Simulations- und Analyseverfahren

Da die Simulation von elektrostatischen Entladungen einen Sonderfall der Schaltungssimulationen darstellt, müssen die verwendeten Analysearten und die Simulationseinstellungen speziell auf diesen Fall abgestimmt sein. Das Lösungsverfahren muss auch bei sehr schnell veränderlichen Signalen eine ausreichende numerische Stabilität aufweisen, um eine Lösung des Gleichungssystems finden zu können.

3 Untersuchung von Methoden zur Analyse integrierter Schaltungen gegenüber ESD-Impulsen

Die Verifikation integrierter Schaltungen kann, je nach Anwendungsfall, mit verschiedenen mathematischen Methoden in unterschiedlichen Genauigkeitsstufen durchgeführt werden. Dabei wird immer ein Optimum aus Rechenzeitbedarf, Genauigkeit der Ergebnisse und Modellierungsaufwand angestrebt. In den folgenden Abschnitten werden Methoden und Analyseverfahren zur Verifikation integrierter Schaltungen hinsichtlich ihrer Eignung zur Simulation von elektrostatischen Entladungen bewertet.

3.1 Effiziente Schaltungsverifikation hinsichtlich ESD

Um die Entwicklung integrierter Schaltkreise zeit- und kosteneffizient gestalten zu können, sind parallel zu den Entwicklungsarbeiten ständig Verifikationsprozesse nötig. Dazu werden möglichst früh im Designzyklus erste Verhaltenssimulationen z.B. durch Hardwarebeschreibungssprachen (engl. Hardware Description Language, kurz HDL) wie VHDL, VHDL-AMS und SystemC durchgeführt, um die Funktionalität einzelner Systemkomponenten mit hohem Abstraktionsgrad überprüfen zu können [RP00]. Hardwarebeschreibungssprachen ermöglichen es, die Architektur und Funktion von Systemen durch eine festgelegte Syntax zu beschreiben. Dadurch wird einerseits der Entwicklungsablauf dokumentiert und andererseits wird es möglich, die Funktionalität des Gesamtsystems oder Teilbereiche durch Simulationen zu prüfen. Der Abstraktionsgrad bzw. die Detailtiefe der verwendeten Simulationsmodelle nimmt dabei in der Regel mit fortschreitendem Entwicklungsablauf zu, da die Umsetzung der Systemspezifikationen konkretere Formen annimmt. Somit werden unterschiedliche Anforderungen an Simulationsmodelle für unterschiedliche Entwicklungsphasen gestellt. In [Klu04] werden Simulationsmodelle in folgende Klassen unterteilt:

3.1 Effiziente Schaltungsverifikation hinsichtlich ESD

- **Räumlich ausgedehnte Modelle:** Diese Klasse von Simulationsmodellen ermöglicht es durch Lösen partieller Differentialgleichungen das Verhalten von ortsabhängigen Zustandsgrößen zu analysieren. Eine Methode, um diese komplexen Vorgänge mathematisch erfassen zu können, ist z.b. die Finite Elemente Methode (FEM). Diese Klasse von Modellen bzw. Simulationen ziehen einen großen Rechenaufwand nach sich und können aufgrund begrenzter Rechenkapazitäten nur auf Teilbereiche von Systemen angewendet werden. Typische Anwendungsfälle hierfür sind die Technologieentwicklung und Bauelementsimulation.

- **Zeitkontinuierliche Modelle konzentrierter Elemente:** Durch die Nutzung von konzentrierten Elementen weisen die Zustandsgrößen keine Ortsabhängigkeit auf. Der Rechenaufwand wird somit auf Kosten der Detailtiefe reduziert. Durch Linearisieren von zeitabhängigen Parametern werden durch numerische Verfahren lineare Gleichungssysteme gelöst und somit die gesuchten Zustandsgrößen bestimmt. Ein Simulationswerkzeug, welches dieses Verfahren anwendet, ist SPICE (Simulation Program with Integrated Circuits Emphasis). Mittlerweile existieren weitere Beschreibungssprachen und Simulatoren wie z.b. VHDL-AMS, Verilog-A/AMS und SystemC-AMS, welche nach ähnlichem Prinzip arbeiten. Moderne Simulationswerkzeuge unterstützen in der Regel mehrere Hardware-Beschreibungssprachen, so dass komplexe Simulationen mit verschiedenen Sprachen, so genannte Mixed-Language-Simulationen, möglich sind. Anwendungsgebiete sind Top-Level Simulationen integrierter Mixed-Signal Schaltkreise sowie Simulationen von Blöcken großer digitaler Schaltungen. Zeitkontinuierliche Simulationen konzentrierter Elemente werden im weiteren Verlauf dieser Arbeit der Einfachheit halber SPICE-Simulationen bzw. SPICE-Modelle genannt. Auf die Funktionsweise von SPICE wird in Abschnitt 3.2 näher eingegangen.

- **Ereignisdiskrete Modelle:** Diese Simulationsmodelle werden vor allem bei zeitsynchronen digitalen Schaltungskonzepten verwendet. Aufgrund der wert- und zeitdiskreten Änderungen von Zustandsgrößen können die Simulationsmodelle und die Analyseverfahren gegenüber zeitkontinuierlichen Verfahren deutlich vereinfacht werden. Daraus resultiert ein wesentlich reduzierter Rechenaufwand gegenüber räumlich ausgedehnten und zeitkontinuierlichen Simulationsmodellen. Diese Klasse von Modellen ermöglicht es, die Funktionalität komplexer digitaler Schaltungen, wie z.B. Signalprozessoren oder Systems-on-Chip (SoC), zu verifizieren. Weit verbreitete Beschreibungssprachen für diese Modellklasse sind VHDL, Verilog und SystemC. Moderne Simulationswerk-

3 Untersuchung von Methoden zur Analyse integrierter Schaltungen gegenüber ESD-Impulsen

zeuge ermöglichen es, zeitkontinuierliche und ereignisdiskrete Simulationen zu koppeln und somit die Funktionalität digitaler und analoger Schaltungen gemeinsam zu verifizieren.

- **Zeitkausale Modelle:** Diese Klasse von Simulationsmodellen beschreibt den Zusammenhang zwischen Eingangs- und Ausgangsgröße auf einem hohen Abstraktionsgrad. Die Dauer von Zustandsänderungen wird dabei nicht berücksichtigt. Dadurch wird es möglich, komplette Systeme zu beschreiben, ohne konkrete Implementierungsdetails der einzelnen Komponenten zu kennen. Eine weit verbreitete Beschreibungssprache für zeitkausale Modelle ist die Unified Modelling Language (UML). Mit dieser Sprache lassen sich z.B. Algorithmen, Benutzeraktionen, Zustandsautomaten und Hardwarekomponenten beschreiben. Diese Art von Modellen wird vorwiegend zur Umsetzung der Spezifikationen in Ablauf- oder Klassendiagramme zu Dokumentationszwecken genutzt.

Zeitkausale und ereignisdiskrete Simulationsmodelle eignen sich für Schaltungssimulationen elektrostatischer Entladungen nicht, da beim Auftreten solcher Vorgänge in integrierten Schaltkreisen zeitkontinuierliche Analyseverfahren genutzt werden müssen, um z.B. Auf- oder Entladevorgänge von parasitären Kapazitäten erfassen zu können. Räumlich ausgedehnte Simulationsmodelle besitzen die größte Detailtiefe und benötigen darum erheblich mehr Rechenzeit als Schaltungssimulationen mit zeitkontinuierlichen Modellen konzentrierter Elemente. Nach [Ung91, KG06] ist die Näherung des Verhaltens bei der Ausbreitung von elektrischen Signalen in Leitungen durch konzentrierte Elemente legitim, wenn es sich um elektrisch kurze Leitungen handelt. Diese Bedingung ist erfüllt, wenn gilt:

$$|\underline{\gamma} \cdot l| < 1 \tag{3.1}$$

Wobei $\underline{\gamma}$ die komplexe Ausbreitungskonstante und l die Länge der Leitung darstellt. Ob diese Bedingung für die in dieser Arbeit untersuchten integrierten Schaltkreise gilt, wird im Folgenden am Beispiel einer Mikrostreifen-Leitung analytisch grob abgeschätzt. Im Anschluss daran wird eine quasistatische Feldsimulation (Ansoft Q3D Version 9) des Leitungsquerschnittes durchgeführt, um die Genauigkeit der analytischen Abschätzung zu überprüfen, und um die Leiterverluste mit zu berücksichtigen. In Abbildung 3.1 ist das Ersatzschaltbild einer Mikrostreifenleitung mit den konzentrierten Elementen der Induktivität L', der Kapazität C', des Widerstandes R' und des Leitwertes G' pro Längeneinheit. Die Ausbreitungskonstante $\underline{\gamma}$ ergibt sich

3.1 Effiziente Schaltungsverifikation hinsichtlich ESD

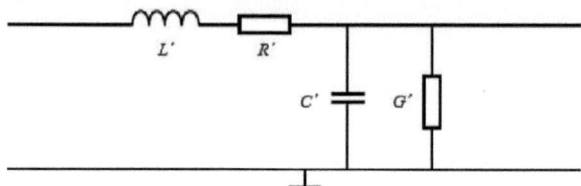

Abb. 3.1: Ersatzschaltbild einer Mikrostreifenleitung

dabei nach [Wad91] durch:

$$\underline{\gamma} = \sqrt{(R' + j\omega L')(G' + j\omega C')}$$

Der Realteil der Ausbreitungskonstante $\underline{\gamma}$ stellt die ohmschen (dargestellt durch R') und dielektrischen Verluste (dargestellt durch G') der Leitung dar. Für eine verlustarme Leitung mit R $\ll \omega$L und G $\ll \omega$C sind die ohmschen und dielektrischen Verluste vernachlässigbar und es gilt die Näherung:

$$\underline{\gamma} = \alpha + j\beta \approx j\beta \qquad (3.2)$$

Diese Vereinfachung wird zunächst getroffen, um eine einfache analytische Abschätzung vorzunehmen. Der Imaginärteil der Ausbreitungskonstante $\underline{\gamma}$, die Phasenkonstante β, ist über die Beziehung $\beta = \omega\sqrt{L' \cdot C'}$ abhängig von den Leitungsbelägen L' und C' sowie der Kreisfrequenz ω. Diese Leitungsbeläge berechnen sich unter Annahme eines idealen Parallelplattenleiters durch (u.a. Vernachlässigung der Streufelder der Mikrostreifenleitung):

$$C' = \frac{w}{h} \cdot \varepsilon_0 \cdot \varepsilon_r \qquad (3.3)$$

$$L' = \frac{h}{w} \cdot \mu_0 \cdot \mu_r \qquad (3.4)$$

Die geometrischen Parameter w stellen die Weite, l die Länge der Leitung und h die Höhe des Substrates bzw. Isolators dar (Abbildung 3.2). Die Materialparameter ε_0 und ε_r sind dabei die Permittivität des Vakuums bzw. des Substratmaterials. Die in Gleichung 3.4 verwendeten Materialparameter μ_0 und μ_r bezeichnen die Permeabilität des Vakuums bzw. des Substratmaterials. Für einen CMOS-Prozess (Complementary Metal Oxide Semiconductor) einer Strukturbreite von 0,35 µm werden folgende Geometrie- und Materialparameter angenommen:

3 Untersuchung von Methoden zur Analyse integrierter Schaltungen gegenüber ESD-Impulsen

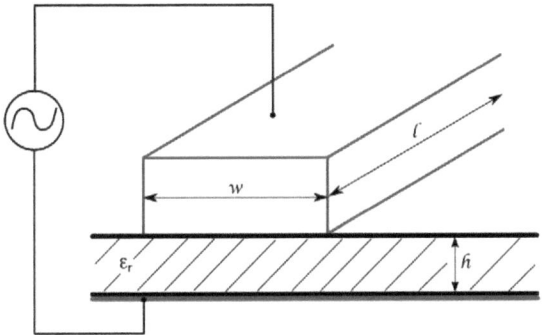

Abbildung 3.2: Schematische Darstellung einer Mikrostreifen-Leitung

$h = 700 nm$, $w = 500 nm$, $l = 2500 \mu m$, $\varepsilon_0 = 8,85419 \cdot 10^{-12} \frac{F}{m}$, $\varepsilon_r = 3,7$, $\mu_0 = 1,2566 \cdot 10^{-6} \frac{H}{m}$, $\mu_r = 1$

Die Parameter h, ε_0, ε_r, μ_0 und μ_r sind dabei technologieabhängige Werte, die nicht vom Entwurf der Schaltung abhängig sind. Die Parameter w und l dagegen können während der Entflechtung der Schaltung in definierten Grenzen vom Schaltungsentwickler bestimmt werden. Damit ergeben sich kapazitive und induktive Leitungsbeläge von:

$C' = 2,34 \cdot 10^{-11} \frac{F}{m}$ und $L' = 1,759 \cdot 10^{-6} \frac{H}{m}$. Für dieses Beispiel wurde die Länge der Leitung mit 2,5 mm sehr hoch angesetzt, um einen möglichst ungünstigen Fall zu betrachten. Dieser Wert entspricht der Länge eines Netzes zur Taktverteilung eines Mikrocontrollers, welcher in einer 0,35 µm-CMOS-Technologie implementiert wurde. Typische Leitungslängen in den untersuchten Schaltungen weisen Leitungslängen im Bereich von einem Millimeter auf. Die maximalen Frequenzanteile einer elektrostatischen Entladung werden bei einer Anstiegszeit von einer Nanosekunde mit einem Gigahertz angenommen. Das Produkt des Imaginärteils der Phasenkonstante und der Leitungslänge vereinfacht sich durch die getroffenen Annahmen sich somit zu:

$$\beta \cdot l = l \cdot \omega \cdot \sqrt{L' \cdot C'} \qquad (3.5)$$

Daraus ergibt sich $\beta \cdot l \approx 1 \cdot 10^{-1} < 1$. Damit ist die Bedingung aus Gleichung 3.1 für schwach gedämpfte Leitungen mit den oben genannten Parametern erfüllt. Um die Genauigkeit des analytischen Modells des Parallelplattenleiters zu überprüfen und die ohmschen Verluste zu berücksichtigen, wurde eine quasistatische Feldsimulation durchgeführt. Dabei wurde eine Dicke der Mikrostreifenleitung von 700 nm angenommen sowie eine elektrische Leitfähigkeit des Leiters von $38 \cdot 10^6 \frac{S}{m}$. In der Tabelle

3.2 Analyseverfahren konzentrierter Modelle

	L' $[\frac{nH}{mm}]$	C' $[\frac{fF}{mm}]$	R' $[\frac{\Omega}{mm}]$	G' $[\frac{S}{mm}]$	β $[\frac{1}{mm}]$
analytisches Modell	1,76	23,4	0	0	$40,3 \cdot 10^{-3}$
quasistatische Simulation	0,49	78	58	0	$38,8 \cdot 10^{-3}$

Tab. 3.1: Vergleich des analytischen Modell und der quasistatischen Simulation

3.1 sind die Leitungsbeläge der analytischen Abschätzung und der quasistatischen Simulation einander gegenübergestellt. Der Kapazitätsbelag fällt im analystischen Modell gegenüber der quasistatischen Simulation um den Faktor 3,3 geringer aus, da die Streufelder beim Modell des Parallelplattenkondensators vernachlässigt wurden. Der Induktivitätsbelag dagegen wird beim analytischen Modell überschätzt, da der Leiter selbst als infinitesimal dünner Streifen angesetzt wird. Zur Leitungssynthese existieren empirische Formeln, um die Streufelder durch eine effektive Weite w_{eff} der Mikrostreifenleitung zu berücksichtigen [Wad91]. Die quasistatische, numerische Simulation dieser Anordnung ergab ein $\beta \cdot l = 38,8 \cdot 10^{-3} \frac{1}{mm} \cdot 2500 \cdot 10^{-6} m = 0,97 \cdot 10^{-1}$ und bestätigt somit das Ergebnis der analytischen Abschätzung. Hiermit wurde gezeigt, dass Leitungen, welche die größte räumliche Ausdehnung in integrierten Schaltkreisen besitzen, als konzentrierte Elemente modelliert werden können, da die Bedingung 3.1 erfüllt wurde. In Folge dessen gilt diese Bedingung auch für das Verhalten analoger Schaltungsteile oder den Einfluss parasitärer Widerstände, Kapazitäten oder Induktivitäten. Es ist es somit legitim, analoge, zeitkontinuierliche Simulationen konzentrierter Elemente in den Entwicklungsprozess einzubinden.

3.2 Analyseverfahren konzentrierter Modelle

SPICE ist ein analoger Schaltungssimulator zur Verifiaktion der Funktionalität vorwiegend analoger und Mixed-Signal Schaltungen. Für die Nutzung von SPICE in den verschiedenen Phasen des Designablaufs existieren verschiedene Arten von Simulationsmodellen mit unterschiedlicher Detailtiefe. In heutigen SPICE-Implementierungen wird zwischen folgenden Arten von Simulationsmodellen unterschieden [Kie98]:

- **Verhaltensmodelle:** Beschreiben das Verhalten der Ein- und Ausgänge von Bauelementen oder Schaltungsblöcken durch einfache mathematische Zusammenhänge. Dabei wird die Anzahl und Komplexität der modellierten physikalischen Effekte in der Regel stark reduziert, um die Rechenzeit gegenüber den anderen Modellarten zu minimieren.

- **Makromodelle:** Stellen einen Kompromiss zwischen Verhaltens- und Transistor-Level-Modellen hinsichtlich Detaillierungsgrad und Rechenzeit dar. Dazu wird

3 Untersuchung von Methoden zur Analyse integrierter Schaltungen gegenüber ESD-Impulsen

die Funktion von Bauelementen oder Schaltungsblöcken durch vereinfachte bzw. idealisierte Ersatzschaltbilder beschrieben.

- **Transistor-Level-Modelle:** Bei dieser Art der Modellierung werden die wichtigsten physikalischen Effekte, soweit möglich, berücksichtigt. In der Regel sind dies skalierbare Simulationsmodelle, welche in der Lage sind, auch das Verhalten parasitärer Elemente wiederzugeben.

Werkzeuge zum Entwurf integrierter Schaltungen speichern die benötigten Datensätze in der Regel in Form einer Datenbank. Die Einträge der Datenbank können entweder über manuelle grafische Schaltplaneingabe oder über voll- bzw. halbautomatisch generierte Schaltpläne erzeugt werden. Durch die Organisation einer Schaltung in einer Datenbankstruktur können verschiedene Entwurfswerkzeuge effizient auf die benötigten Informationen zugreifen und diese gegebenenfalls modifizieren. SPICE-Simulatoren verarbeiten die zu simulierende Schaltung in Form einer Netzliste. Dabei repräsentiert die Netzliste die Schaltungselemente, Parameter, die Verbindungen der Schaltungselemente untereinander und Simulationseinstellungen in Textform. Um die Simulation computergestützt durchführen zu können ist es notwendig, die Informationen der Netzliste in eine Form zu bringen, in der die Lösung der Simulation durch mathematische Algorithmen ermittelt werden kann. Dazu wird ein Gleichungssystem aufgestellt, welches auch als System-Matrix (siehe Gleichung 3.6) bezeichnet wird. Diese besteht aus einer Matrix von Leitwerten, einem Spannungsvektor und einem Stromvektor [Att99].

Da über numerische Verfahren nur rein lineare Gleichungssysteme lösbar sind, müssen alle Elemente der System-Matrix einen linearen Zusammenhang zwischen Strom und Spannung darstellen. Sobald Bauelemente mit nichtlinearen Kennlinien oder ladungsspeichernde Bauelemente vorkommen, müssen diese Strom-Spannungs-Charakteristiken zuvor durch lineare Ersatzschaltbilder vereinfacht werden.

$$\begin{bmatrix} G_{11} & G_{12} & G_{13} & .... & G_{1y} \\ G_{21} & G_{22} & ... & ... & \\ G_{31} & G_{32} & ... & & \\ ... & ... & & & \\ G_{xy} & & & & \end{bmatrix} \star \begin{bmatrix} V_1 \\ V_2 \\ ... \\ ... \\ V_y \end{bmatrix} = \begin{bmatrix} I_1 \\ I_2 \\ ... \\ ... \\ I_y \end{bmatrix} \qquad (3.6)$$

Die verschiedenen SPICE-Derivate nutzen zwei Algorithmen für die Lösung der System-Matrix. Falls sich die Schaltung aus rein linearen Bauelementen zusammensetzt, wird ein einfaches und somit effizientes Verfahren namens Gaußsche Eliminierung [Gen98] verwendet. Befinden sich jedoch ein oder mehrere nichtlineare

3.2 Analyseverfahren konzentrierter Modelle

Template - Widerstand	Knoten A Knoten B	Spannungs - vektor	Stromvektor	Symbol
Knoten A Knoten B	$\begin{bmatrix} +G_R & -G_R \\ -G_R & +G_R \end{bmatrix} \star$	$\begin{bmatrix} \cdots \\ \cdots \end{bmatrix} =$	$\begin{bmatrix} \cdots \\ \cdots \end{bmatrix}$	Knoten A Knoten B
Template - Diode				
Knoten A Knoten B	$\begin{bmatrix} +G_d & -G_d \\ -G_d & +G_d \end{bmatrix} \star$	$\begin{bmatrix} \cdots \\ \cdots \end{bmatrix} =$	$\begin{bmatrix} -I_{eq} \\ +I_{eq} \end{bmatrix}$	Knoten A Knoten B

Tabelle 3.2: Matrix-Vorlagen für einen Widerstand (oben) und eine Diode (unten)

Bauelemente in der zu simulierenden Schaltung, müssen iterative Lösungsverfahren angewendet werden. In heutigen SPICE-Simulatoren ist dafür der Newton-Raphson Algorithmus implementiert [Kun95, LZ97].

Um die System-Matrix computergestützt und automatisiert zu generieren, existiert für jedes Grundelement eine Vorlage, auch Template genannt, die für den Aufbau des Gleichungssystems verwendet wird. Diese Methode ist auch unter dem Begriff "Matrix construction by inspection" bekannt. So wird beim Auftreten eines Widerstandes in der Schaltung die System-Matrix um folgende Elemente an den entsprechenden Stellen erweitert (siehe Tabelle 3.2 oben). Die Einträge der Spannungs- bzw. Stromvektoren bleiben im Falle von passiven Bauelementen, wie z.B. Widerstände und Kapazitäten, leer. Befindet sich in der Schaltung eine Diode, wird die Vorlage nach Tabelle 3.2 (unten) verwendet. Im Gegensatz zur Vorlage eines Widerstandes bleibt hierbei nur der Spannungsvektor leer. Dabei ist zu beachten, dass die Werte in der Matrix der Leitwerte und die Werte des Stromvektors nur für den Arbeitspunkt gültig sind, der in der aktuellen Iteration des Newton-Raphson Algorithmus gerade bearbeitet wird.

Bevor die eigentliche Schaltungssimulation ausgeführt werden kann, werden analysespezifische Einstellungen bzw. Modifikationen vorgenommen. Dieser Topologie-Check kann, besonders bei komplexen hierarchischen Schaltungen, einen großen Anteil der Rechenzeit der gesamten Analyse beanspruchen.

3 Untersuchung von Methoden zur Analyse integrierter Schaltungen gegenüber ESD-Impulsen

3.2.1 Ursachen von Konvergenzproblemen

Es ist nicht in jedem Fall sichergestellt, dass die in SPICE implementierten numerischen Algorithmen eine Lösung für die System-Matrix finden. Ursachen dafür sind vielfältig und lassen sich in folgende Kategorien einteilen:

- **Probleme während des Newton-Raphson Algorithmus:** Falls die Toleranzparameter zu restriktiv definiert wurden, muss eine höhere Anzahl an Iterationen durchgeführt werden, bis die Konvergenzkriterien erfüllt sind. Somit kann es vorkommen, dass die maximale Anzahl der zulässigen Iterationen erreicht wird und SPICE dadurch mit einer Fehlermeldung abbricht. Darum sollten die Toleranzwerte immer an die Simulationsparameter (z.B. Stimuli, Analyseart) angepasst werden. Außerdem führen Bauelementcharakteristiken zu Konvergenzproblemen, welche extrem geringe oder negative differentielle Widerstände aufweisen, wie es z.B. beim Auftreten eines Snapback der Fall ist. Dadurch kann es bei der Berechnung des Potentials eines Knotens zur Division durch Null und somit zum Simulationsabbruch kommen. Um diesem Problem entgegen zu wirken, existiert der Parameter GMIN. Der Wert von GMIN definiert den Widerstand, der parallel zu jedem im Schaltplan vorkommenden Halbleiterübergang geschaltet wird. Somit wird ein Widerstand von Null Ohm vermieden. Damit der zusätzliche Widerstand das Simulationsergebnis nicht verfälscht, sollte der Wert mindestens so klein sein wie der kleinste Widerstand der zu simulierenden Schaltung.

    Wird die Steigung einer Strom-Spannungs-Charakteristik eines Bauelements zu groß, ergibt die Berechnung des nächsten Potentialschrittes einen zu geringen Wert. Somit steigt die Anzahl der benötigten Iterationen und ebenfalls die Möglichkeit eines Simulationsabbruchs. Um dies zu vermeiden, sollte in der Modelldefinition jeder Diode ein Serienwiderstand definiert sein, der die Steigung der Strom-Spannungs-Kennlinie auf einen sinnvollen Wert begrenzt [Kie98].

- **Analyse-spezifische Probleme:** Aufgrund der verwendeten Lösungsalgorithmen kann Nicht-Konvergenz nur während einer Gleichstromanalyse oder transienten Analyse auftreten [Sha93]. Die wichtigsten SPICE-Analysearten werden in den folgenden Abschnitten näher beschrieben. An diesen Stellen wird auch auf das Auftreten von Nicht-Konvergenz eingegangen.

- **Fehlerhafte Definition von Simulationsmodellen:** Neben Unstetigkeiten bei der Definition von Bauelementmodellen können auch Modell-Charateristiken mit negativem differentiellen Widerstand zu Konvergenzproblemen und somit

3.2 Analyseverfahren konzentrierter Modelle

zum Simulationsabbruch führen [Sha93].

Schaltungssimulationen von elektrostatischen Entladungen stellen besondere Anforderungen an Simulationseinstellungen und Simulationsmodelle. Durch die sehr kurzen Anstiegszeiten im Bereich von einigen Nanosekunden, negative differentielle Widerstände der Simulationsmodelle und die hohen Spannungshübe müssen je nach verwendeter Analyseart die entsprechenden Einstellungen im Vorfeld der Simulation gewählt werden, um die Wahrscheinlichkeit einer numerisch stabilen Analyse zu erhöhen. In dem Simulationswerkzeug *CLEX* werden vor Beginn einer Analyse die Einstellungen automatisch geprüft und falls nötig geändert, welche die numerische Stabilität der Simulation im ESD-Fall beeinflussen. In den folgenden Abschnitten werden die Faktoren für eine numerisch stabile Simulation bei Nutzung verschiedener Analysearten bewertet. Dabei wird besonderer Fokus auf die automatisierte Bearbeitung und Steuerung der Simulation gelegt.

3.2.2 Gleichstromanalyse

In diesem Abschnitt wird geprüft, ob die Verifikation integrierter Schaltungen bei Beaufschlagung mit elektrostatischen Entladungen durch eine Gleichstromanalyse effizient im Vergleich zu einer transienten Analyse durchgeführt werden kann. Dabei wird einerseits die benötigte Rechenzeit und andererseits die Komplexität der benötigten Simulationsmodelle betrachtet. Im Abschnitt 4.2.3 wird der erhöhte Modellierungsaufwand bei Nutzung einer Gleichstromanalyse dargestellt, da das kapazitive Verhalten durch äquivalente Widerstände nachgebildet wird.

Eine Gleichstromanalyse berechnet Ströme, Spannungen und Parameter unter Annahme des eingeschwungenen Zustands einer Schaltung. Im eingeschwungenen Zustand gibt es keine zeitlichen Änderungen von Signalpegeln. Folglich kann es keinen eingeschwungenen Zustand geben, wenn eine Schaltung mit einer Quelle nicht konstanter Anregung stimuliert wird. Somit werden im ersten Schritt einer Gleichstromanalyse alle Signalquellen als konstant angenommen. Für Bauelement mit zeitlich abhängigem Verhalten, wie Kapazitäten und Induktivitäten, werden die Randbedingungen $\frac{dv(t)}{dt} = 0$ bzw. $\frac{di(t)}{dt} = 0$ angenommen. Dadurch stellen Kapazitäten offene Schaltkreise und Induktivitäten kurzgeschlossene Schaltkreise dar [Kun95]. Zu Beginn einer Gleichstromanalyse werden somit u.a. folgende Schritte ausgeführt (Schritt 1 in Abbildung 3.3):

1. Alle unabhängigen Quellen werden als konstant angenommen
2. Entfernen aller Kapazitäten

3 Untersuchung von Methoden zur Analyse integrierter Schaltungen gegenüber ESD-Impulsen

3. Ersetzen aller Induktivitäten durch Kurzschlüsse

Im Anschluss daran wird die System-Matrix erstellt (Schritt 2 in Abbildung 3.3) und die initialen Knotenspannungen und Ströme in die entsprechenden Vektoren eingetragen (Schritt 3 in Abbildung 3.3). Dieser sogenannte initial Guess hat großen Einfluss auf die Anzahl der nötigen Iterationen bis zum Finden einer DC-Lösung und somit auch auf die Simulationsdauer. Falls in diesem Gleichungssystem rein lineare Elemente vorkommen, wird ein Verfahren namens Gaussche Eleminierung verwendet, um die Lösung der Matrix effizient zu ermitteln (Schritt 5 in Abbildung 3.3). Sollten ein oder mehrere Elemente mit nichtlinearen Kennlinien in der Matrix enthalten sein, kann das dabei entstehende nichtlineare Gleichungssystem in der Regel nicht direkt gelöst werden [Kun95]. Mit Hilfe des Newton-Raphson Algorithmus wird nun die System-Matrix in mehreren Iterationsschritten gelöst (Schritt 5 in Abbildung 3.3). Zuvor werden für die nichtlinearen Elemente linearisierte Ersatzschaltbilder erzeugt (Schritt Nr. 4 in Abbildung 3.3). Diese sind nur für den Arbeitspunkt gültig, welcher im aktuellen Iterationsschritt bearbeitet wird. Anschließend werden die nichtlinearen Gleichungen für die entstandene Lösung erneut linearisiert und ebenso das entstehende Gleichungssystem gelöst. Das iterative Lösungsverfahren wird gestoppt, falls die Konvergenzbedingung erfüllt ist oder die maximal zulässige Anzahl an Iterationsschritten erreicht ist (Schritt 6 in Abbildung 3.3). Dabei ist zu beachten, dass abhängig von der Schaltungstopologie und den initialen Bedingungen mehrere DC-Lösungen existieren können.

Folgende Konvergenz- bzw. Abbruchkriterien werden in heutigen SPICE-Schaltungssimulatoren genutzt, um den iterativen Prozess des Newton-Raphson Verfahrens zu beenden:

$$|f_n(v^{(k)})| < \epsilon_f \quad (3.7)$$

$$|v_n^{(k)} - v_n^{(k-1)}| < \epsilon_x \quad (3.8)$$

Gleichung 3.7 gibt dabei an, wie nahe die k-te Iteration an der eigentlichen Lösung (v_{DC}) des Gleichungssystems liegt, wohingegen das Konvergenzkriterium 3.8 erfüllt ist, wenn der Betrag der Differenz zwei aufeinanderfolgender Iterationsschritte kleiner ist als ein vorher festgelegter Wert. Die Parameter ϵ_f und ϵ_x sind dabei kleine positive Werte, die als Konvergenzkriterien dem Simulator übergeben werden. Laut [Kun95] ist in den meisten SPICE-Derivaten nur die Bedingung 3.8 implementiert, um das Newton-Raphson Verfahren abzubrechen.

3.2 Analyseverfahren konzentrierter Modelle

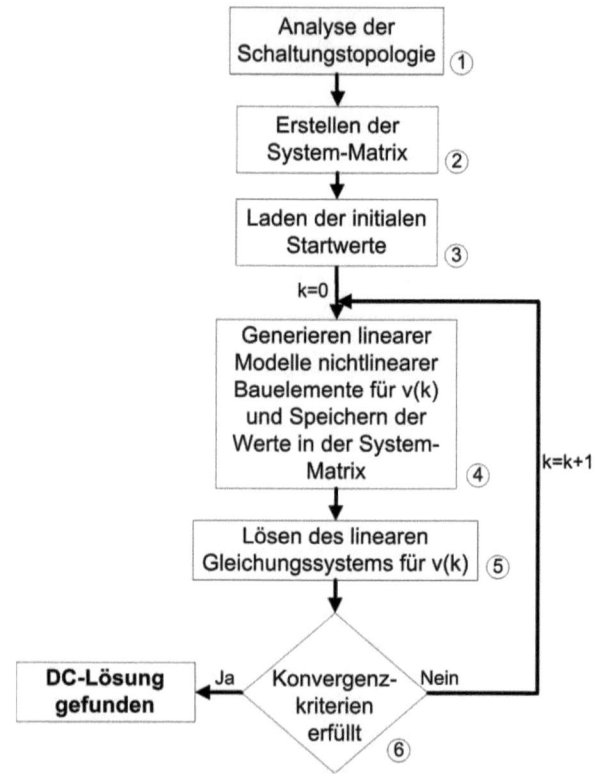

Abbildung 3.3: Ablauf einer DC-Simulation

3 Untersuchung von Methoden zur Analyse integrierter Schaltungen gegenüber ESD-Impulsen

Allerdings ist das Erreichen einer DC-Lösung nicht in jedem Fall gewährleistet. Besonders mit steigender Schaltungskomplexität kann es zu Konvergenzproblemen kommen [Kun95]. Befindet sich der initiale Startpunkt nahe genug bei der DC-Lösung, erhöht sich die Wahrscheinlichkeit, eine Lösung des Gleichungssystems zu finden. Auch die Qualität der Simulationsmodelle spielt hier eine wichtige Rolle.

Um das Gleichstromverhalten einer Schaltung nicht nur in einem Arbeitspunkt, sondern innerhalb eines definierten Spannungsbereichs bewerten zu können, wurde in SPICE-Simulatoren eine Analyse namens DC-Sweep implementiert. Bei dieser Analyse werden mehrere aufeinanderfolgende DC-Analysen durchgeführt. Dabei wird die Lösung der vorherigen DC-Analyse als initial Guess für die folgende Analyse verwendet. Die Anzahl der nötigen Iterationen kann dadurch erheblich reduziert werden [Kie98].

3.2.2.1 Konvergenzeigenschaften einer Gleichstromanalyse

Nicht in jedem Fall kann durch eine Gleichstromanalyse eine Lösung gefunden werden, welche den Kirchhoffschen Regeln entspricht. Das Konvergenzverhalten einer Gleichstromanalyse wird im Wesentlichen durch folgende Faktoren beeinflusst [MK05]:

- Maximale Anzahl der Iterationen des Newton-Raphson-Algorithmus
- Definieren von initialen Spannungs- und Stromwerten
- Source Stepping
- Deaktivieren aktiver Bauelemente
- Unstetigkeiten der Simulationsmodelle

Maximale Anzahl der Iterationen des Newton-Raphson-Algorithmus

Wird die Anzahl der zur Lösung der System-Matrix benötigten Iterationen während des Newton-Raphson-Verfahrens überschritten, bricht die Simulation mit einer Fehlermeldung bezüglich Nicht-Konvergenz ab. Der Standardwert bei heutigen SPICE-Simulatoren beträgt 100 Iterationen. Dieser Wert ist für einfache lineare sowie nichtlineare Schaltungen geringer Komplexität ausreichend. Zum Beispiel werden in [GR02] mittels des SPICE-Simulators HSPICE 10 Iterationen für eine Gleichstromanalyse einer einzelnen Diode und 40 Iterationen für eine Gleichstromanalyse des Operationsverstärkers U741 benötigt. Eine Analyse verschiedenster Schaltungen hat ergeben, dass eine Erhöhung des Parameters zur Definition der maximal zulässigen

3.2 Analyseverfahren konzentrierter Modelle

Anzahl der nötigen Iterationen	Anteil der Schaltungen mit Konvergenz in Prozent
100	60
200	75
500	92
1000	92

Tabelle 3.3: Einfluss des Parameters zur Definition der maximal zulässigen Iterationen (ITL1) des Newton-Raphson-Algorithmus auf das Konvergenzverhalten einer Gleichstromanalyse [Kie98]

Iterationen von 100 auf 500 eine deutliche Verbesserung des Konvergenzverhaltens zur Folge hat (siehe Tabelle 3.3).

Der Parameter zur Definition der maximal zulässigen Anzahl an Iterationsschritten hängt stark von der Schaltungstopologie und der Qualität der verwendeten Simulationsmodelle ab. Eine Erhöhung des Standardwertes beeinflusst das Konvergenzverhalten in der Regel positiv (siehe 3.3), so dass eine automatisierte Definition des Parameters ITL1 sinnvoll und realisierbar ist.

Definieren von initialen Spannungs- und Stromwerten Sind zum Start der Gleichstromanalyse keine initialen Spannungs- und Stromwerte definiert, wird für alle Netze eine Spannung von Null Volt und für alle Knoten ein Storm von Null Ampere als Startwert des Newton-Raphson-Algorithmus angenommen. Werden als Startwerte des Newton-Raphson-Algorithmus allerdings Spannungs- und Stromvorgaben (Nodesets) gemacht, die nahe an der Lösung der System-Matrix liegen, kann die Anzahl der nötigen Iterationen und somit auch die benötigte Rechenzeit der Gleichstromanalyse erheblich verringert werden [Kie98, MK05]. Diese Vorgehensweise ist besonders effektiv bei großen Schaltungen und Schaltungen mit mehreren stabilen Arbeitspunkten (z.B. Flip-Flops und Latches).

Moderne SPICE-Simulatoren unterstützen das Laden von Simulationsergebnissen als Ausgangspunkt weiterer Analysen. Wie Untersuchungen innerhalb dieser Arbeit zeigen, ist das Laden von initialen Spannungs- und Stromwerten bei dem in 3.2.2.2 untersuchten Schaltungsbeispiel zwingend notwendig, um Gleichstromanalysen von ESD-Ereignissen erfolgreich zu beenden.

Source-Stepping Bei dieser Technik werden alle in der Schaltung befindlichen Strom- und Spannungsquellen schrittweise von Null bis zu dem definierten Strom-

3 Untersuchung von Methoden zur Analyse integrierter Schaltungen gegenüber ESD-Impulsen

bzw. Spannungswert erhöht. Dabei wird die Lösung des vorangegangenen Simulationsschrittes als Startwert genutzt und somit in der Regel die Anzahl der benötigten Iterationen des Newton-Raphson-Algorithmus reduziert.

Source-Stepping ist eine automatisierte Methode, um das Laden von initialen Spannungs- und Stromwerten zu vereinfachen. Diese Methode wurde beim Schaltungsbeispiel im Abschnitt 3.2.2.2 genutzt, um eine Gleichstromanaylse von 0 V bis 60 V in drei Teilschritten erfolgreich durchführen zu können.

Deaktivieren aktiver Bauelemente Bei diesem zweistufigen Ansatz werden zuerst alle nichtlinearen Bauelemente aus der System-Matrix entfernt und anschließend eine Gleichstromanalyse durchgeführt. Diese Lösung wird nun als Startwert für eine Gleichstromanalyse der kompletten System-Matrix genutzt. Allerdings kann sich der Arbeitspunkt der reduzierten Schaltung deutlich von dem der kompletten Schaltung unterscheiden, so dass diese Maßnahme nicht in jedem Fall eine Verkürzung der Rechenzeit mit sich bringt [Kie98].

Das Deaktivieren aktiver Bauelemente setzt Detailwissen der Schaltungstopologie und -funktion voraus. Sowohl eine automatisierte als auch eine manuelle Anwendung dieser Methode zur Verbesserung der Konvergenzeigenschaften ist bei großen Schaltungen nicht anwendbar.

3.2.2.2 Zeitbedarf einer transienten Simulation gegenüber Gleichstromanalyse

Da bei einer Gleichstromanalyse der eingeschwungene Zustand der Schaltung in einem Arbeitspunkt ermittelt wird, könnte sich durch die Nutzung dieser Analyseart ein Rechenzeitvorteil gegenüber einer transienten Schaltungssimulation ergeben. Aus algorithmischer Sicht wird bei der Gleichstromanalyse das Newton-Raphson-Lösungsverfahren ein einziges Mal durchlaufen, wohingegen bei einer transienten Analyse zu jedem Zeitschritt eine Lösung durch den Newton-Raphson-Algorithmus gefunden werden muss. Um diese Annahme zu prüfen werden Vergleichssimulationen durchgeführt. Dazu wird ein typischer Schaltungsblock geringer Komplexität (130 Bauelemente) mittels transienter und Gleichstromanalyse untersucht. Um den Modellierungsansatz aus Abschnitt 4.2.3 bei den Vergleichssimulationen abzubilden, wird die Schaltung bei der transienten Analyse durch eine Spannungsrampe mit typischen Anstiegszeiten und Maximalspannungen angeregt. Bei der Gleichstromanalyse wird der Arbeitspunkt der zu untersuchenden Schaltung bei der Maximalspannung der Rampenfunktion ausgewertet. Die Anstiegszeit der Rampenfunktion beträgt eine

3.2 Analyseverfahren konzentrierter Modelle

Nanosekunde. Um die Abhängigkeit der Simulationsdauer von der Anzahl der Bauelemente zu analysierten, würde dieser Schaltungsblock vervielfältigt, um so den Rechenzeitbedarf von Schaltungen einer Größe von 130 bis hin zu 26000 Bauelementen bestimmen zu können. Die Anzahl von ca. 30000 Bauelementen entspricht der Schaltungskomplexität, für die die in dieser Arbeit entwickelte Verifikationsmethodik ausgelegt ist. Um die Bedingungen für das Erreichen einer Lösung bei allen Vergleichssimulationen identisch zu halten, werden die mehrfach vorhandenen Schaltungsblöcke über die Versorgungsnetze parallel zueinander verbunden. Die Quelle, welche den Impuls nachbildet, ist dabei ebenfalls mit dem Versorgungsnetz und dem Bezugspotential verbunden.

In Abbildung 3.4 ist die Simulationsdauer der transienten und Gleichstromanalysen in Abhängigkeit der Bauelementeanzahl doppelt logarithmisch dargestellt. Die Zeitersparnis der Gleichstromanalyse gegenüber der transienten Simulation ist durch die grüne Kurve abgebildet und bezieht sich auf die rechte Ordinate des Koordinatensystems. Dabei zeigt sich, dass die Gleichstromanalyse eine um 43 bis 64 Prozent reduzierte Simulationszeit gegenüber der entsprechenden transienten Simulation aufweist. Die Zeitersparnis der Gleichstromanalyse nimmt tendentiell mit zunehmender Schaltungskomplexität ab. Allerdings traten während der Gleichstromanalyse ab einer Schaltungskomplexität von 6500 Bauelementen und einer Spannung von 60 V Konvergenzprobleme auf, so dass keine Lösung der System-Matrix gefunden werden konnte. Durch die Anwendung des Source-Stepping-Verfahrens konnte die Simulationsdauer der Gleichstromanalyse auf die in Abbildung 3.4 dargestellten Werte reduziert und auch Konvergenz bei höherer Schaltungskomplexität erreicht werden. Dazu wurde die Gleichstromanalyse in drei Schritte (vier Volt, 33 V und 60 V) unterteilt und die Lösung des vorhergehenden Schrittes als initialer Lösungsvorschlag für die darauffolgende Analyse verwendet.

Zur Implementierung einer effizienten ESD-Verifikationsmethodik weist die Gleichstromanalyse gegenüber einer transienten Analyse eine Reduktion der benötigten Simulationszeit auf. Bedingt durch die hohen Ströme und Spannung bei solchen Schaltungssimulationen und der damit verbundenen hohen Anzahl an Iterationsschritten der Gleichstromanalyse, fällt dieser Vorteil allerdings moderat aus.

Fehlerabschätzung der Gleichstromanalyse

Werden, wie im Abschnitt 4.2.3 beschrieben, die internen Kapazitäten der Simulationsmodelle durch äquivalente Widerstände ersetzt und eine Gleichstromanalyse im Arbeitspunkt U_{max} durchgeführt, entspricht der resultierende Stromfluss dem Strom

3 Untersuchung von Methoden zur Analyse integrierter Schaltungen gegenüber ESD-Impulsen

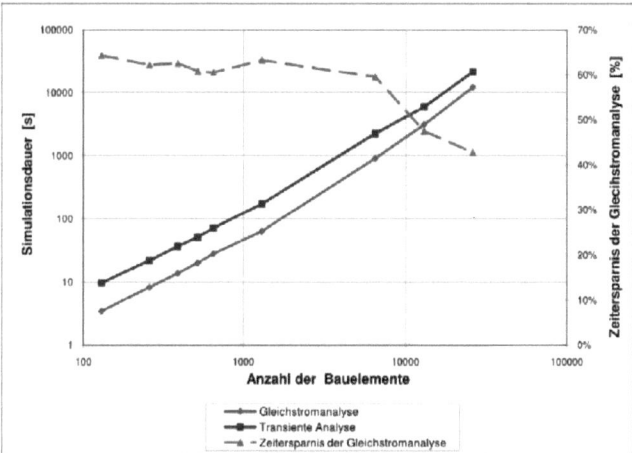

Abbildung 3.4: Vergleich des Rechenzeitbedarfs einer transienten und einer Gleichstromanalyse mit steigender Schaltungskomplexität

einer Kapazität einer transienten Analyse bei Anregung mit einer Rampenfunktion zum Zeitpunkt t_r.

Diese Äquivalenz gilt allerdings nur für eine einzelne Kapazität bzw. einen einzelnen Widerstand. Betrachtet man eine R-C Serienschaltung, dann wird das Verhalten bei Anregung mit einer Rampenfunktion durch Gleichung 3.9 beschrieben.

$$\frac{di(t)}{dt} = -\frac{i(t)}{R \cdot C} + \frac{U_{max}}{R \cdot t_r} \qquad (3.9)$$

Die Lösung der Differentialgleichung 3.9 ist in Gleichung 3.10 dargestellt. Der zeitliche Verlauf des Stromes wird maßgeblich durch die Zeitkonstante $\tau = R \cdot C$ bestimmt.

$$i(t) = \frac{U_{max} \cdot C}{t_r} \left(1 - e^{-\frac{t}{R \cdot C}}\right) \qquad (3.10)$$

Somit ist der Stromfluss beim Ersetzen einer Kapazität durch den äquivalenten Widerstand vom Verhältnis des Widerstandes sowie der Kapazität abhängig. Um diese Abhängigkeit zu untersuchen, ist in Gleichung 3.11 der Stromfluss durch eine Serienschaltung zweier Widerstände (R und R_{eq}) dargestellt.

$$i(t) = \frac{u(t)}{(R + R_{eq})} \qquad (3.11)$$

3.2 Analyseverfahren konzentrierter Modelle

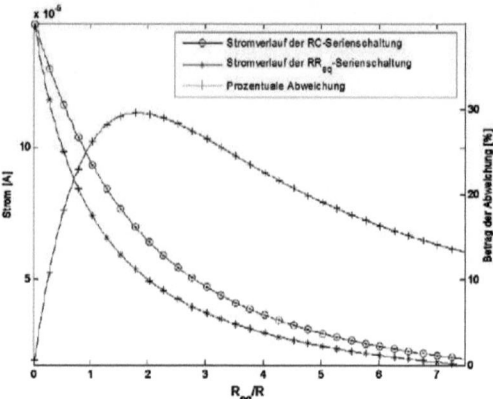

Abb. 3.5: Fehlerdiagramm einer RC-Serienschaltung bei transienter und Gleichstromanalyse

In Abbildung 3.5 sind die Stromverläufe aus den Gleichungen 3.10 und 3.11 in Abhängigkeit von dem Verhältnis R_{eq} zu R aufgetragen. Auf der rechten Ordinate des Diagramms ist die relative Differenz bezogen auf 3.10 dargestellt. Das Maximum des Fehlers tritt auf, wenn R_{eq} ungefähr doppelt so groß wie R ist.

Die bei komplexeren Schaltungen entstehenden Gleichungssysteme sind analytisch nicht lösbar [LZ97]. Um eine Fehlerbetrachtung zwischen transienter und Gleichstromanalyse durchzuführen, wird die Korrelation der Ströme eines komplexeren Schaltungsbeispiels betrachtet, um die Anwendbarkeit von Gleichstromanalysen zu bewerten. Die Lösung der System-Matrix ist dabei numerisch durch den Schaltungssimulator Cadence Spectre® ermittelt worden. In Abbildung 3.6 ist die Korrelation der Ströme bei einer transienten und einer Gleichstromanalyse doppelt logarithmisch und auf den maximalen Stromwert der transienten Analyse normiert dargestellt.

3 Untersuchung von Methoden zur Analyse integrierter Schaltungen gegenüber ESD-Impulsen

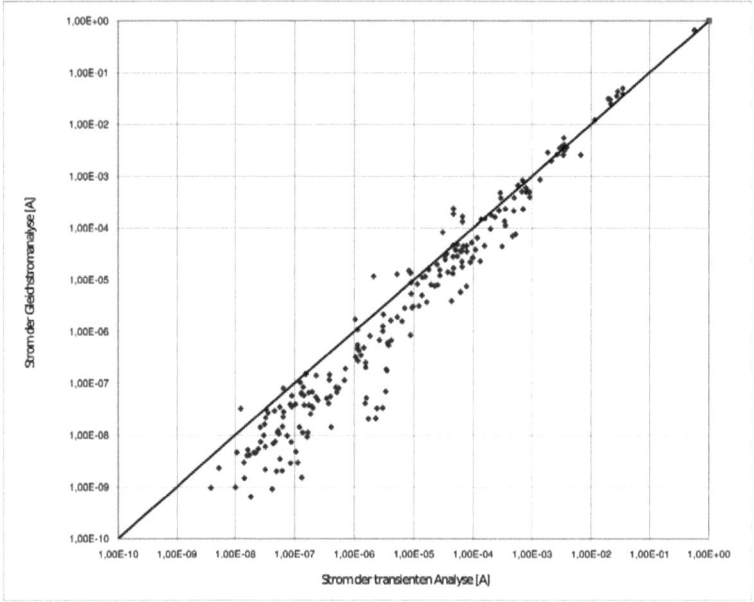

Abbildung 3.6: Korrelationsdiagramm einer Treiberstufe innerhalb der SOA

Ebenso wie bei den Untersuchungen zur Simulationsdauer wurde die transiente Simulation mit einer Spannungsrampe (Anstiegszeit von einer Nanosekunde und Maximalspannung von 5,5 V) angeregt. Die Gleichstromanalyse wurde bei der Maximalspannung der Rampenfunktion durchgeführt.

Der Maximalstrom der Gleichstromanalyse (564 mA) weist einen Fehler von ca. 15 Prozent gegenüber dem entsprechenden Stromwert der transienten Analyse (663 Milliampere) auf. Insgesamt korrelieren die Stromwerte bis ca. ein Milliampere sehr gut. In dem Intervall von 663 mA bis 0,82 mA befinden sich 35 Stromwerte, deren Abweichung im Bereich von 1,6 bis 36,8 Prozent liegt. Zwei Werte dieses Intervalls weisen allerdings eine Abweichung von 164,4 und 60,4 Prozent auf. Damit weisen die Ströme im Intervall von 663 mA bis 0,82 mA Toleranzen auf, die bei SPICE-Simulationen bedingt durch die eingesetzten mathematischen Lösungsverfahren entstehen und somit unvermeidlich sind. Im Abschnitt 4.2.3 wird der Modellierungsaufwand zur Erzeugung der verwendeten Simulationsmodelle dargestellt und bewertet.

3.2.3 Transiente Analyse

Die transiente SPICE-Analyse ist durch den Aufbau des Lösungsalgorithmus (siehe Abschnitt 3.2.3) in der Lage, die Strom-Spannungs-Beziehung von zeitabhängigen und von nichtlinearen Bauelementen sehr gut abzubilden. Durch die Diskretisierung der Zeitschritte wird es möglich, nichtlineare Modelle in lineare Ersatzschaltbilder zu überführen und gleichzeitig den dabei entstehenden Fehler in einem definierten Toleranzbereich zu halten. Zur Anregung der Schaltungen stehen eine Vielzahl von Strom- und Spannungsquellen zur Verfügung, so dass durch, z.b. Überlagerung von Quellen, nahezu beliebige Pulsformen erzeugt werden können. Für die Erzeugung von Pulsformen für Analysen elektrostatischer Entladungen ist die Möglichkeit, den Ausgangszustand von ladungsspeichernden Elementen zu Beginn der Simulation zu definieren, von großer Bedeutung. Dadurch können Belastungsmodelle (siehe 2.2) zur Nachbildung von ESD-Impulsen einfach implementiert und angewendet werden.

Der Ablauf einer transienten Simulation ist in Abbildung 3.7 dargestellt. Ähnlich wie bei der AC-Analyse wird die Schaltung hinsichtlich ihrer Konvergenzeigenschaften analysiert (Schritt 1 in Abbildung 3.7) und anschließend die System-Matrix erstellt (Schritt 2 in Abbildung 3.7). Zu diesem Zeitpunkt werden Kapazitäten als offene und Induktivitäten als kurzgeschlossene Schaltkreise behandelt, da nun eine DC-Analyse durchgeführt wird (Schritt 3 in Abbildung 3.7). Die Lösung dieser Gleichstromanalyse stellt den initialen Zustand der Schaltung dar und dient als Startpunkt für den transienten Lösungsalgorithmus. Die zeitabhängigen und die nichtlinearen Bauelemente werden nun durch ihre linearisierten Ersatzschaltbilder ersetzt (Schritt 4 in Abbildung 3.7) und das dabei entstehende Gleichungssystem durch den Newton-Raphson-Algorithmus in mehreren Iterationen gelöst (Schritt 5 in Abbildung 3.7). Wenn die Konvergenzkriterien erfüllt sind (Schritt 6 in Abbildung 3.7), wird der nächste Zeitschritt berechnet, für den die System-Matrix mit aktualisierten Parametern erneut gelöst werden soll. Die Berechnung der Schrittweite (Schritt 7 in Abbildung 3.7) wird durch ein Integrationsverfahren absolviert. Es wird dabei angenommen, dass der Signalverlauf zwischen zwei benachbarten Zeitschritten durch ein Polynom niedriger Ordnung approximiert werden kann [Kun95]. Im Falle einer einfachen R-C Parallelschaltung würde die zeitkontinuierliche Gleichung 3.12 in die zeitdiskrete Gleichung 3.13 überführt werden.

$$\frac{v(t)}{R} + C\frac{d}{dt}v(t) = 0 \qquad (3.12)$$

$$\frac{v(t_k)}{R} + C\frac{v(t_{k+1}) - v(t_k)}{t_{k+1} - t_k} \qquad (3.13)$$

3 Untersuchung von Methoden zur Analyse integrierter Schaltungen gegenüber ESD-Impulsen

In Gleichung 3.13 stellen t_{k+1} und t_k benachbarte Zeitschritte dar, wobei t_{k+1} der Nachfolger von t_k ist. Zwischen den benachbarten Zeitschritten ist eine lineare Approximation des Signalverlaufs vorgenommen worden. Diese Integrationsmethode wird Euler-Verfahren (vorwärts) genannt. Neben dieser Methode sind in heutigen SPICE-Simulatoren folgende Integrationsmethoden implementiert [Kun95]:

- Euler-Verfahren (rückwärts): $\frac{d}{dt}v(t_{k+1}) \approx \frac{1}{h}(v(t_{k+1}) - v(t_k))$
- Trapez-Verfahren: $\frac{d}{dt}v(t_{k+1}) \approx \frac{2}{h}[v(t_{k+1}) - v(t_k)] - \frac{d}{dt}v(t_k)$
- Gear2-Verfahren: $\frac{d}{dt}v(t_{k+1}) \approx \frac{3}{2h}v(t_{k+1}) - \frac{2}{h}v(t_k) + \frac{1}{2h}v(t_{k+1})$

Die Variable h ist dabei die Schrittweite.

Im Fall von Bauelementen mit nichtlinearen Kennlinien müsste der Widerstand R und die Kapazität C dem Wert des Arbeitspunktes entsprechen, in dem sich das Bauelement gerade befindet. Ist das Ende der Simulation noch nicht erreicht, wird die für den Zeitpunkt t berechnete Lösung als initialer Vorschlag für den Zeitpunkt t+1 verwendet und die Ersatzschaltbilder für zeitabhängige und nichtlineare Bauelemente für den neuen Arbeitspunkt in der System-Matrix aktualisiert (Schritt 8 in Abbildung 3.7).

Der transiente Lösungsalgorithmus ist dem Ablauf eines DC-Sweeps sehr ähnlich. Allerdings wird bei einem DC-Sweep der Einfuss von Kapazitäten und Induktivitäten nicht erfasst und es muss kein neuer Zeitschritt berechnet werden, da die Anzahl der einzelnen DC-Analysen vom Nutzer vorgegeben wird.

Von den in 3.2 vorgestellten Analysearten ist die transiente Analyse aus Sicht des Rechenalgorithmus die Analyseart mit der höchsten Komplexität. Und auch das Konvergenzverhalten dieser Analyseart wird bei großen Schaltungen unter Verwendung komplexer Simulationsmodelle (z.B. Modellierung des Snapback-Verhaltens) als kritisch eingestuft [Kun95].

Trotz der oben genannten Herausforderungen besteht die Möglichkeit, transiente Simulationen von kompletten Schaltkreisen durchzuführen. Dazu müssen die Simulationsmodelle (siehe Abschnitt 4.2), die anregenden Quellen und die Simulationseinstellungen aufeinander abgestimmt sein.

Konvergenzeigenschaften einer transienten Analyse

Die Konvergenzeigenschaften einer transienten Analyse sind denen eines DC-Transfer-Analyse sehr ähnlich, denn ebenso wie bei einer Gleichstromanalyse innerhalb eines DC-Transfer-Analyse wird für jeden Zeitschritt einer transienten Analyse die

3.2 Analyseverfahren konzentrierter Modelle

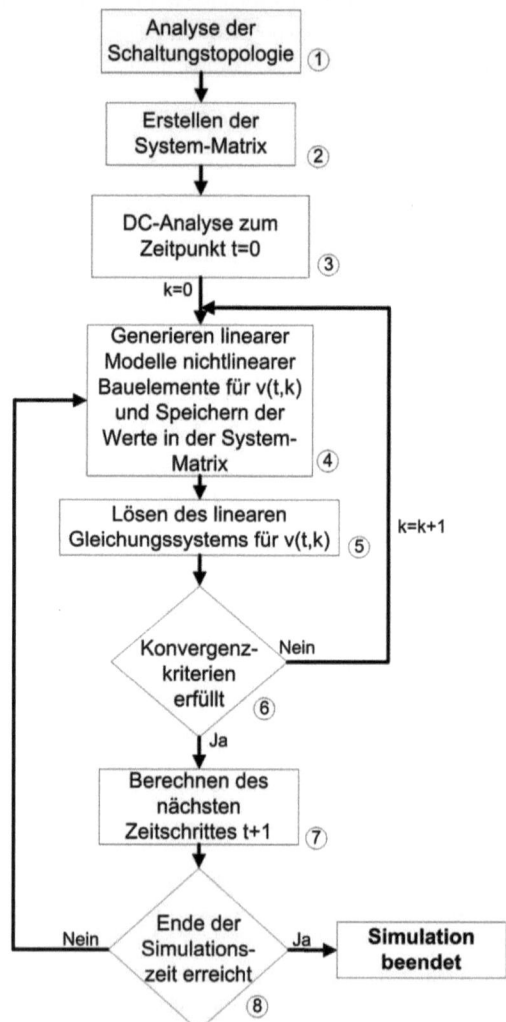

Abbildung 3.7: Ablauf einer transienten Analyse

3 Untersuchung von Methoden zur Analyse integrierter Schaltungen gegenüber ESD-Impulsen

System-Matrix mittels des Newton-Raphson-Algorithmus gelöst. Somit können Konvergenzprobleme auftreten, wenn Signale mit großen Ableitungen vorkommen oder die Simulationsmodelle stückweise definiert sind und an den Übergangsstellen Unstetigkeiten auftreten. Weiterführende Informationen zu diesem Thema sind in [Kie98] zu finden.

3.2.4 Kleinsignalanalyse

Mittels einer Kleinsignalanalyse können Schaltungen im eingeschwungenen Zustand bei Anregung mit sinusförmigen Signalen untersucht werden (siehe Abschnitt 3.2.4). Dazu werden für alle Elemente der Schaltung lineare Simulationsmodelle für den zu simulierenden Arbeitspunkt erstellt. Nichtlineares oder arbeitspunktabhängiges Verhalten von Schaltungselementen kann durch eine Kleinsignalanalyse somit nicht berücksichtigt werden. In [QSJ06] wurde das Frequenzspektrum von elektrostatischen Entladungen über einen Luftspalt verschiedener Spannungsklassen analysiert. Das Frequenzspektrum einer elektrostatischen Entladung beinhaltete dabei Frequenzanteile von Null bis zwei Gigahertz. Auch in [KG06] wurde das Frequenzspektrum von elektromagnetischen Feldimpulsen untersucht. Dabei wiesen die Frequenzspektren in Abhängigkeit der Anstiegszeiten signifikante Anteile in den Frequenzbereichen von $1 \cdot 10^4$ bis $1 \cdot 10^9$ Hz auf und sind somit als breitbandige Signale einzustufen. Da die Anregung der Schaltung bei einer Kleinsignalanalyse mit sinusförmigen Signalen nur einer Frequenz möglich ist, wird diese Art der Analyse zur Verifikation integrierter Schaltungen bei Beaufschlagung mit elektrostatischen Entladungen nicht weiter berücksichtigt.

4 Entwicklung einer neuen Verifikationsstrategie zur Analyse integrierter Schaltungen gegenüber ESD-Impulsen

Die bereits bestehenden Ansätze zur Verifikation integrierter Schaltungen (siehe Abschnitt 2.3) berücksichtigen entweder nicht das dynamische Verhalten von Bauelementen [Str03, BI00] oder ermöglichen es, die Schädigung nur auf Blockebene einzugrenzen [LKK02, Str03]. Keiner dieser Ansätze ermöglicht es dem Schaltungsentwickler, die Ursache der Bauelementschädigung näher zu untersuchen.

Die während der elektrostatischen Aufladung gebildeten Ladungen werden durch einen Stromfluss im Verlauf der Entladungsphase abgeführt. Im Fall eines ESD-Problems versuchen Experten innerhalb eines ESD-Reviews anhand des Schaltplans, des Layouts, der Simulationsergebnisse und persönlicher Erfahrung diese Strompfade zu finden und das Verhalten der Schaltung während der Entladung zu verstehen. Dieser Vorgang kann mehrere Stunden oder Tage in Anspruch nehmen. Die automatisierte Strompfadextraktion in Kombination mit erweiterten ESD-Simulationsmodellen stellt den ESD-Experten den Schaltungszustand und die Strompfade grafisch aufbereitet dar und erleichtert somit das Verständnis des Verhaltens der Schaltung beim Auftreten von elektrostatischen Entladungen.

Durch die hier entwickelte Verifikationsstrategie soll der Schaltungsentwickler bei der Verifikation integrierter Schaltkreise beim Auftreten von elektrostatischen Entladungen während des gesamten Entwicklungsablaufes unterstützt werden. Dazu werden einerseits Modellierungsaspekte sowie effiziente Simulationsmethoden und andererseits automatisierte, computergestützte Verarbeitung der Simulationsdaten berücksichtigt bzw. entwickelt. Der in dieser Arbeit entwickelten Verifikationsstrategie liegen folgende Schwerpunkte zu Grunde:

- Effiziente Modellierung der Ausfallmechanismen

4 Entwicklung einer neuen Verifikationsstrategie zur Analyse integrierter Schaltungen gegenüber ESD-Impulsen

Innerhalb von Halbleiterbauelementen gibt es verschiedene Ausfallmechanismen, wie zum Beispiel der Gate-Oxid-Durchbruch oder das Aufschmelzen eines pn-Übergangs. Diese müssen so modelliert werden, dass sich eine belastbare Aussage über die Gefährdung von Bauelementen ergibt, aber die numerische Stabilität der Simulation nicht negativ beeinflusst wird.

- Automatisierte Analyse der Simulationsergebnisse zur Fehlersuche und -korrektur

  Durch die bisher vom Schaltungsentwickler manuell durchgeführte Analyse der Simulationsergebnisse gestaltet sich dieser Prozess extrem zeitaufwendig und weist eine hohe Fehleranfälligkeit auf. Durch eine experimentelle Fehleranalyse werden nur die ausgefallenen Bauelemente ermittelt. Um dem Entwickler automatisch Informationen sowohl über die möglichen Ausfälle als auch Hinweise auf entsprechende Abhilfemaßnahmen zu liefern, soll das in dieser Arbeit entwickelte Werkzeug nicht nur die potentiell gefährdeten Bauelemente ausgeben, sondern auch die Hauptstrompfade durch die geschädigten Bauelemente automatisiert extrahieren. Dadurch wird dem Schaltungsdesigner die Möglichkeit gegeben, die Ursachen der Überlastung schnell und effizient zu analysieren. Zusätzlich können, ausgehend vom Hauptstrompfad, die Schaltungsbereiche ermittelt werden, welche das Schaltungsverhalten in diesem Arbeitspunkt wesentlich beeinflussen.

- Einbettung in den Entwicklungsablauf

  Um die Fehleridentifikation zu ermöglichen, werden die gefährdeten Bauelemente und die entsprechenden Strompfade in der Entwicklungsumgebung grafisch dargestellt. Durch die Abfrage von Strom- und Spannungswerten, wird der Arbeitspunkt der gefährdeten Instanz übersichtlich und schnell zur Verfügung gestellt. Der Entwicklungsablauf integrierter Schaltkreise besteht aus mehreren Teilschritten, zwischen denen die Funktionalität der entsprechenden Entwicklungsstufe geprüft wird. In der Regel werden für unterschiedliche Entwicklungsstufen der Schaltung verschiedene Entwurfswerkzeuge verwendet, welche eigene Ein- und Ausgangsdaten benötigen bzw. erzeugen. Ziel der hier zu entwickelnden Verifikationsmethodik ist es, während des gesamten Entwicklungsablaufes einsetzbar zu sein und mit fortschreitendem Entwicklungsprozess genauere Simulationsmodelle zu nutzen, um das reale Verhalten der Schaltung besser wiedergeben zu können.

- Effiziente Implementierung der Verifikationsmethodik

  Die Nutzung von Programmierschnittstellen moderner EDA-Software ermöglicht die Steuerung von Simulatoren, Zugriff auf Schaltplan- und Layoutdaten,

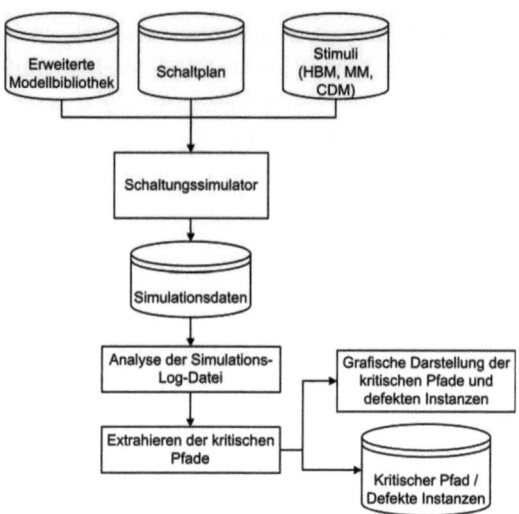

Abb. 4.1: Allgemeiner Ablauf der entwickelten ESD-Verifikationstrategie

Auswertung und effiziente Verarbeitung der Simulationsdaten sowie Implementierung grafischer Benutzerschnittstellen. Durch diesen Punkt wird die Nutzbarkeit und die Akzeptanz der Software durch die Nutzer erfahrungsgemäß zu einem nicht unwesentlichen Teil beeinflusst. Um die beschriebene Funktionalität zu realisieren wurden im Rahmen der Arbeit die vorhandenen Datenstrukturen des Schaltplans ergänzt und der Funktionsumfang der verwendeten Programmierschnittstelle erweitert, um z.b. eine Strompfadextraktion recheneffizient durchzuführen.

In Abbildung 4.1 ist der Ablauf der zu entwickelnden Verifikationsmethodik vereinfacht dargestellt. Als Ausgangspunkt dienen der Schaltplan und die erweiterte Modellbibliothek, welche das Verhalten im Bereich normaler Betriebsparameter als auch das Verhalten im Hochstrombereich wiedergibt sowie die Stimuli, mit denen das zu prüfende Belastungsmodell nachgebildet wird.

Der Aufbau der erweiterten Simulationsmodelle hängt dabei von der verwendeten Analyseart ab. Diese Abhängigkeiten sowie die interne Struktur der Modelle werden im Abschnitt 4.2 und 4.3 dargestellt. Der Stimulus bildet die elektrostatische Entladung in der Simulation nach. Je nachdem, welches Belastungsmodell nachgebildet werden soll, werden die entsprechenden Ersatzschaltbilder verwendet. Die Definition des Stimulus hängt dabei auch von der verwendeten Analyseart der Simulation ab. Wird

4 Entwicklung einer neuen Verifikationsstrategie zur Analyse integrierter Schaltungen gegenüber ESD-Impulsen

beispielsweise eine Gleichstromanalyse verwendet, so kann der ESD-Impuls nur durch einen statischen Spannungs- oder Stromwert dargestellt werden. Die Auswahl der zu verwendenden Simulationsart wird im Abschnitt 4.4 behandelt. Im Anschluss an die Simulation werden die sich ergebenden Strompfade extrahiert und können vom Anwender in der Entwicklungsumgebung grafisch dargestellt werden (siehe Kapitel 4.6). Weitere Details zur Integration in den Entwurfsablauf werden in Kapitel 4.7 behandelt. Mit diesen Informationen kann der Schaltungsentwickler die Funktionalität des ESD-Schutzkonzeptes bewerten, die Ursachen eventueller Fehler erkennen und Korrekturmaßnahmen ableiten.

4.1 Klassifikation der Fehlermodi

Durch die in dieser Arbeit entwickelte ESD-Verifikationsstrategie können beispielsweise folgende Fehlermodi detektiert werden:

- Verwenden von Bauelementen falscher Spannungsklassen
- Fehlen oder fehlerhafter Einsatz von ESD-Schutzelementen
- Fehlerhafte Ansteuerung von ESD-Schutzelementen
- Falsche Dimensionierung von Bauelementen
- Übersehene oder falsch bewertete Strompfade, transiente Kopplungen

4.1.1 Fehlen oder fehlerhafter Einsatz von ESD-Schutzelementen

Die Verwendung von so genannten Smart-Power- oder BCD (Bipolar, CMOS, DMOS)-Technologien ist für Anwendungen von Vorteil, bei denen analoge, digitale und Schaltungsteile mit Hochvolt-Eigenschaften integriert werden müssen [Che00]. Um diese Anforderung zu erfüllen, existieren in diesen Technologien Bauelemente unterschiedlicher Spannungsklassen. Heutige Bauelementbibliotheken beinhalten üblicherweise Elemente mit Maximalspannungen von 5 V bis hin zu 60 V. Der Entwurfsablauf einer Smart-Power-Technologie zählt zu den Mixed-Signal Entwurfsabläufen. Der Schaltplan sowie das Layout werden somit weitestgehend manuell erzeugt.

Dabei können Hochvolt-Transistoren in Smart-Power-Technologien selbstschützend ausgelegt sein (siehe Abbildung 4.2 rechts), so dass über eine transiente Kopplung zwischen Drain und Gate der Transistor M1 in den angeschalteten Zustand versetzt

4.1 Klassifikation der Fehlermodi

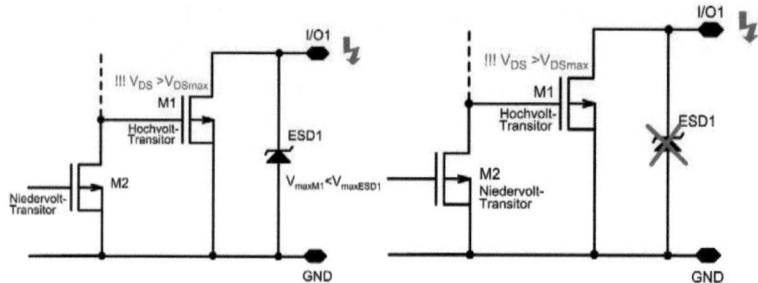

Abb. 4.2: Falsche Spannungsklasse (links), Fehlen von ESD-Schutzelementen (rechts)

und der Impuls zwischen I/O1 und GND abgeleitet werden kann. Dazu muss der Transistor M1 allerdings entsprechend dimensioniert und die angeschlossenen Schaltungsteile ebenfalls dafür ausgelegt sein. Ist diese Bedingung nicht erfüllt, da sich die Schaltungstopologie durch eine neue Spezifikation nachträglich ändert, darf das ESD-Schutzelement ESD1 zwischen I/O1 und dem GND-Anschluss nicht fehlen.

Eine weitere Fehlerquelle im Entwurf von Smart-Power-Schaltungen ist die Tatsache, dass Bauelemente niedrigerer Spannungsklassen in Pfaden von Bauelementen höherer Spannungsklassen instantiiert werden können, wenn diese mit entsprechenden Schutzmaßnahmen versehen sind.

4.1.2 Verwenden von Bauelementen falscher Spannungsklassen

Wird, wie in Abbildung 4.2 (links) dargestellt, ein Bauelement mit einer zu niedrigen Spannungsklasse (M1) platziert, so dass das ESD-Schutzelement ESD1 und die nachfolgende Schaltung nicht aufeinander abgestimmt sind, wird der Transitor M1 beim Auftreten einer elektrostatischen Entladung am Anschluss I/O1 gegen GND oder auch im Normalbetrieb eine Schädigung zwischen Drain-Source oder auch Drain-Gate erfahren.

4 Entwicklung einer neuen Verifikationsstrategie zur Analyse integrierter
Schaltungen gegenüber ESD-Impulsen

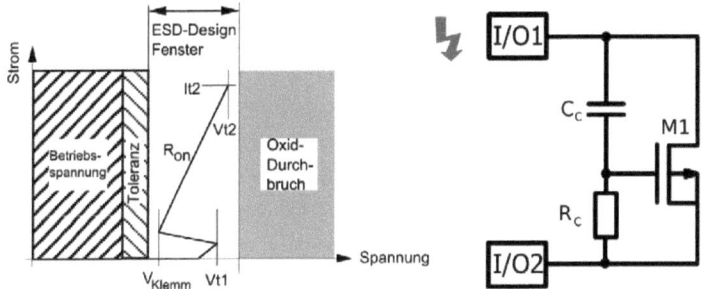

Abb. 4.3: Dimensionierung der ESD-Schutzstruktur innerhalb des ESD-Design-Fensters [Rus99] (links); Ansteuerung eines Gate-Coupled NMOS (kurz gcNMOS) (rechts)

Der dargestellte, triviale Fall ist in der Realität allerdings wesentlich komplexer, da sich z.B. bei der Wiederverwendung von Schaltungsblöcken aus bereits gefertigten Schaltkreisen durch minimale Abweichungen der ESD-Spezifikationen unerwartetes Verhalten im ESD-Fall einstellen kann.

4.1.3 Fehlerhafte Ansteuerung von ESD-Schutzelementen

ESD-Schutzschaltungen dürfen idealerweise das Verhalten der Schaltung im normalen Betriebsfall nicht beeinflussen. Die Dimensionierung der Schutzschaltung muss so vorgenommen werden, dass die Triggerspannung oberhalb der Betriebsspannung inklusive einer gewissen Toleranz und unterhalb der maximal zulässigen Spannung (z.B. Oxid-Durchbruchspannung) liegt. Dieser Bereich wird als ESD-Design-Fenster bezeichnet (siehe Abbildung 4.3 links). In Abbildung 4.3 (rechts) ist eine ESD-Schutzschaltung namens Gate-Coupled NMOS dargestellt, bei der das Anschaltverhalten im Wesentlichen durch das RC-Glied aus R_C und C_C bestimmt wird [GLB+02]. Wird die Zeitkonstante des RC-Gliedes nicht korrekt gewählt, ist es möglich, dass die eigentliche ESD-Schutzstruktur M1 entweder bei zu niedrigen Spannungen anfängt, leitend zu werden oder erst zu spät, d.h. oberhalb der Oxid-Durchbruchspannung aktiviert wird. Somit würde entweder das Verhalten der Schaltung im Normalbetrieb gestört oder es würden die zu schützenden Bauelemente beim Auftreten einer elektrostatischen Entladung beschädigt werden.

4.1.4 Falsche Dimensionierung von Bauelementen

Bereits bei der Erstellung des Schaltplans werden Layout-spezifische Parameter der Bauelemente, wie z.b. Längen und Weiten von Transistoren und Widerständen, definiert. Für die Verifikation hinsichtlich elektrostatischer Entladungen sind besonders die Instanzparameter von Bedeutung, welche direkten Einfluss auf die Stromtragfähigkeit bzw. Spannungsfestigkeit des Bauelementes haben. So kann eine falsche Anzahl von Kontakten, z.B. bei einem Widerstand, zu einem Ausfall führen, da jeder Kontakt nur eine bestimmte technologieabhängige Stromtragfähigkeit besitzt.

4.1.5 Übersehene oder falsch bewertete Strompfade und transiente Kopplungen

Durch die weitestgehend manuelle Eingabe des Schaltplans und der Komplexität von modernen Smart-Power-Schaltkreisen setzt die Implementierung des ESD-Schutzkonzeptes ein hohes Maß an Expertenwissen der zu entwerfenden Schaltung und der verwendeten Technologie voraus. Hierbei müssen auch die Außenbeschaltung einer Ein-/Ausgangsstruktur und die internen ESD-Schutzmaßnahmen der Schaltung aufeinander abgestimmt sein, so dass eine Wiederverwendung bereits funktionierender und getesteter ESD-Schutzkonzepte häufig nicht möglich ist. Auch durch Kopplungen parasitärer Elemente, z.b. über Substrat-Kapazitäten, können sich Strompfade ergeben, die bei der Erstellung des Schaltplans leicht übersehen werden.

In Abbildung 4.4 ist die transiente Kopplung der elektrostatischen Entladung am Anschluss I/O1 über die intrinsische Gate-Drain-Kapazität des Hochvolt-Transistors M1 symbolisch dargestellt. In einem solchen Fall ist es trotz eines primären ESD-Schutzes ESD1 möglich, dass dahinterliegende Niedervolt-Bauelemente geschädigt werden können.

4.2 Modellierungsansatz

Die heute im industriellen Umfeld verwendeten Simulationsmodelle geben in der Regel das Verhalten der Schaltungskomponenten innerhalb normaler Betriebsparameter wieder. Beim Auftreten einer elektrostatischen Entladung können Schaltungsteile und Bauelemente jedoch kurzzeitig mit Strom- bzw. Spannungswerten belastet werden, die weit außerhalb des sicheren Arbeitsbereiches für längere Signale (engl. Safe Operating Area, kurz SOA) liegen. Die Strom-Spannungscharakteristik der

4 Entwicklung einer neuen Verifikationsstrategie zur Analyse integrierter Schaltungen gegenüber ESD-Impulsen

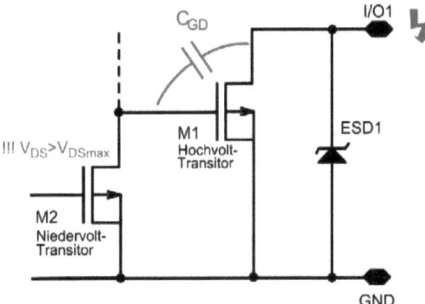

Abb. 4.4: Transiente Kopplung zwischen Gate-Drain-Terminal des Hochvolt-Bauelementes M1 verursacht eine Drain-Source Schädigung des Transistors niedriger Spannungklasse M2

Standard-Simulationsmodelle gibt das Bauelementverhalten außerhalb des sicheren Arbeitsbereiches nicht, oder nur in schlechter Näherung wieder. Eine Erweiterung der Simulationsmodelle zur Nutzung innerhalb der hier entwickelten Verifikationsmethodik ist daher notwendig. Folgende Anforderungen müssen diese erweiterten Simulationsmodelle erfüllen:

- Identifikation aller möglichen Bauelementausfälle

- Angemessene Beschreibung der Strom-Spannungscharakteristik außerhalb des sicheren Arbeitsbereiches im Sinne eines worst-case Szenarios

- Anpassung an die verwendete Analyseart

- Optimierte Konvergenzeigenschaften bei hohen Strom- und Spannungswerten sowie geringen Anstiegszeiten

- Recheneffiziente Implementierung

- Automatisierte Erstellung der Modelle und gute Wartbarkeit

4.2.1 Identifikation aller möglichen Bauelementausfälle

Das Hauptziel der hier entwickelten ESD-Verifikationsmethodik ist die Identifikation gefährdeter Bauelemente beim Auftreten elektrostatischer Entladungen. Dazu müssen die relevanten physikalischen Vorgänge innerhalb der Bauelemente durch die Simulationsmodelle wiedergegeben und im Fall einer Überlastung automatisiert ausgewertet und signalisiert werden. Diese Bauelement-spezifische Modellierung wird im Abschnitt 4.3 behandelt.

4.2 Modellierungsansatz

```
1  Warning from spectre at dc = 5.6 V during DC analysis 'dc'.
2  M0: mn00p Gate Drain Voltage left upper range limit
   [-5.51,5.51]: 5.6 V.
3  M0: mn00p Gate Source Voltage left upper range limit
   [-5.51,5.51]: 5.6 V. M0: mn00p Gate Bulk Voltage left upper
   range limit [-5.51,5.51]: 5.6 V.
```

Abb. 4.5: Spannungswarnungen der Standard-Simulationsmodelle: Auszug der Protokolldatei spectre.out bei Überlast des Gate-Anschlusses eines MOS-Transistors

4.2.2 Beschreibung der Strom-Spannungscharakteristik außerhalb des sicheren Arbeitsbereiches

Die üblicherweise genutzten Standard-Simulationsmodelle geben das Verhalten der Bauelemente außerhalb des sicheren Arbeitsbereiches (engl. Safe Operation Area, kurzSOA) nicht korrekt wieder. Sie werden zu Schaltungssimulationen innerhalb normaler Betriebsparameter verwendet. Überlastungen werden meist nur sporadisch in Simulationsmodellen ausgewertet und als Textmeldung in der Protokolldatei der Simulation ausgegeben. In Abbildung 4.5 ist der Auszug der Protokolldatei dargestellt, welcher die Überlastung des Gate-Anschlusses der Instanz M0 während einer Gleichstromanalyse signalisiert. Innerhalb des Simulationsmodells $mn00p$ ist eine maximale Gate-Spannung von $\pm 5,51$ V definiert worden.

Die Strom-Spannungs-Charakteristik der Instanz M0 in Abbildung 4.5 entspricht im Hochstrombereich trotz der ausgegebenen Spannungswarnung nicht der Realität. Die Ergebnisse der gesamten Simulation werden im weiteren Verlauf der Analyse somit verfälscht. Somit ist die grundlegende Idee in der hier entwickelten Verifikationsmethodik die Strom-Spannungscharakteristik aller Bauelemente der Technologiebibliothek auch außerhalb des sicheren Arbeitsbereiches dahingehend zu erweitern, dass das Hochstromverhalten näherungsweise im Sinne einer worst-case Analyse wiedergegeben wird. Die parametrisierten Elemente zur Überlastdetektion sind dabei so ausgelegt, dass eher eine Warnung zu viel erzeugt wird, als zu wenig, da das Übersehen eines Bauelementdefektes einen erheblichen Zeit- und Kostenaufwand im weiteren Entwicklungs- und Fertigungsprozess bedeutet (siehe Abschnitt 1.2). Da während einer Simulation von kompletten integrierten Schaltkreisen mehrere hundert solcher Meldungen in der Protokolldatei ausgegeben werden, ist eine manuelle Auswertung unpraktisch und nicht fehlerfrei durchzuführen. Es existieren zwar herstellereigene Skripte, um spezifische Meldungen der Protokolldatei zu filtern, aber die Ursache der Überlast ist über diese Meldungen nicht ersichtlich. Aus diesem Grund werden

4 Entwicklung einer neuen Verifikationsstrategie zur Analyse integrierter Schaltungen gegenüber ESD-Impulsen

die sich bei einem Gate-Oxid- und pn-Durchbruch ergebenden Ströme durch Erweiterungen der Standard-Simulationsmodelle modelliert, damit die Ausbreitung eines Strompfades und die Abbildung von so genannten Sekundärfehlern möglich wird. Ein solcher Fall kann eintreten, wenn eine Überlast-Warnung eines sich im Snapback befindlichen Hochvolt-Transistors zwar kritisch ist, aber nicht zur Zerstörung führt. Als Folge des dadurch entstehenden hohen Stromflusses kann sich eine sekundäre Überlastung, z.B. eines zu klein dimensionierten Widerstandes im Pfad des Hochvolt-Transistors, ergeben. Solche Fehlerketten sind sehr schwer zu durchdringen, da in bestimmten Fällen mit den Methoden der Fehleranalyse, wie z.B. der Light-Emission Mikroskopie, nur der Snapback des Hochvolt-Transistors durch einen so genannten Hot-Spot sichtbar wird, der überlastete Widerstand aber durch obere Metalllagen unentdeckt bleibt.

Wie in [LSY05] beschrieben, kann die Schädigung eines Gate-Oxides mit einem Leitwert bzw. einem entsprechenden Widerstand von einigen Kiloohm modelliert werden. Um das Verhalten des Simulationsmodells innerhalb normaler Betriebsparameter nicht zu verändern, wurde der Widerstand durch anti-serielle Dioden implementiert. Übersteigt die Spannung, z.B. des Gate-Source Anschlusses, einen kritischen Wert, wird das Diodenpaar elektrisch leitend und hat einen Serienwiderstand, welcher sich aus Bauelementparametern ergibt.

Die Schädigung eines pn-Übergangs wird durch eine einfache Durchbruchcharakteristik modelliert [Gro04]. Dabei wird aus Gründen der Simulationsstabilität nicht zwischen einer Durchbruchkennlinie und einer Snapback-Kennlinie unterschieden. Die Durchbruchcharakteristik wird auch hier durch zwei anti-serielle Dioden realisiert, um das Verhalten des Bauelements innerhalb des sicheren Arbeitsbereiches nicht zu beeinflussen. Das sich somit ergebende Simulationsmodell eines MOS-Transistors für die Nutzung in Kombination mit einer Gleichstromanalyse ist in Abbildung 4.6 (links) dargestellt. Wird eine transiente Analyse genutzt, entfallen die äquivalenten Widerstände R_{GD}, R_{GS}, R_{GB}, R_{DB} und R_{SB}, welche bei der Gleichstromanalyse zur Modellierung kapazitiver Verschiebungsströme dienen. Somit ergibt sich das Simulationsmodell nach Abbildung 4.6 (rechts). Die durch den Bezeichner iw gekennzeichneten Elemente zwischen den Zener-Dioden dienen der Überlastdetektion. Der SPICE-Subcircuit, bestehend aus dem iw-Element und den anti-seriellen Zener-Dioden, wird im weiteren Verlauf der Arbeit als *clexiw* (clex i-warning) bezeichnet und dient der parametrisierbaren Überlastdetektion. Im Abschnitt 4.2.4 wird auf den Aufbau und die Implementierung dieses Elementes näher eingegangen.

4.2 Modellierungsansatz

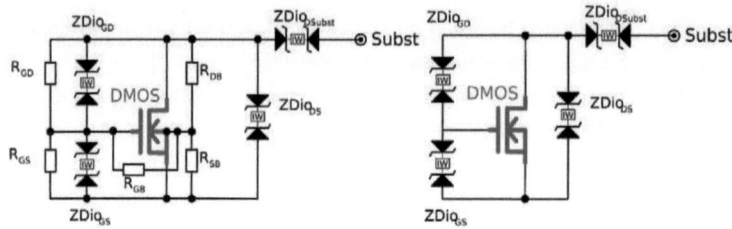

Abb. 4.6: Erweitertes Simulationsmodell eines DMOS-Transistors zur Durchbruchmodellierung bei Nutzung einer Gleichstromanalyse (die Widerstände R_{GD}, R_{GS}, R_{GB}, R_{DB} und R_{SB} modellieren die internen Kapazitäten des Transistors) (links) und einer transienten Analyse (rechts)

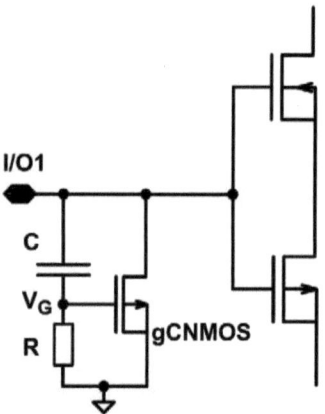

Abbildung 4.7: Gate-coupled-NMOS (gcNMOS) zum Schutz eines Eingangstreibers [WF01]

4.2.3 Analyse-spezifische Modellierung

Die in SPICE implementierten Analysearten (siehe 3.2) sind für verschiedene Anwendungen ausgelegt und stellen somit auch unterschiedliche Anforderungen an die dabei genutzten Simulationsmodelle. Für den hier vorgestellten Verifikationsansatz kann die transiente Analyse oder die Gleichstromanalyse genutzt werden. Bei Nutzung der Gleichstromanalyse werden kapazitive Verschiebungsströme nicht berücksichtigt, da Kapazitäten in dieser Analyseart als offene Schaltkreise betrachtet werden.

In Abbildung 4.7 ist eine typische ESD-Schutzschaltung dargestellt. Hierbei handelt es sich um einen NMOS-Transistor, welcher als gate-coupled NMOS (gcNMOS) verwendet wird. Tritt am I/O-Pin ein ESD-Impuls auf, wird das Gate des gcN-

4 Entwicklung einer neuen Verifikationsstrategie zur Analyse integrierter Schaltungen gegenüber ESD-Impulsen

MOS kapazitiv angesteuert und der NMOS-Transistor dadurch eingeschaltet. Dabei entsteht ein niederohmiger Pfad, über den der Impuls abgeleitet werden kann. In einer Gleichstromanalyse wird ein solches Verhalten nicht abgebildet, da dort ein eingeschwungener Zustand angenommen wird und somit keine kapazitiven Verschiebungsströme das Anschalten des gcNMOS zur Folge hätten.

Um diese Verschiebungsströme innerhalb einer Gleichstromanalyse zu modellieren ist es notwendig, die Simulationsmodelle zu modifizieren [Gro04]. Hierzu werden folgende Vereinfachungen getroffen:

- Der komplexe Strom-/Spannungsverlauf eines ESD-Impulses wird durch eine Rampenfunktion mit identischer Anstiegszeit und Maximalstrom bzw. -spannung angenähert.

- Die Gleichstromanalyse wird am Ende der Strom-/Spannungsrampe durchgeführt.

Der Stromfluss durch eine Kapazität ist durch Gleichung 4.1 bestimmt, wobei C die Kapazität und $\frac{du(t)}{dt}$ die zeitliche Änderung der Spannung über der Kapazität darstellt. Diese Gleichung vereinfacht sich im Fall einer Rampenfunktion ($t : [0..t_r]; u(t) : [0..U_{max}]$) mit der Maximalspannung U_{max} und der Anstiegszeit t_r (4.2).

$$i(t) = C \cdot \frac{du(t)}{dt} \quad (4.1)$$

$$I = C \cdot \frac{U_{max}}{t_r} \quad (4.2)$$

Dadurch ergibt sich für eine Kapazität C bei einer transienten Analyse mit einer Rampenfunktion als Anregung ein äquivalenter Widerstand R_{eq} für die Gleichstromanalyse nach Gleichung 4.3.

$$R_{eq} = \frac{U_{max}}{I} = \frac{t_r}{C} \quad (4.3)$$

Die in Halbleiterbauelementen auftretenden Kapazitäten sind stark vom Arbeitspunkt abhängig [Dem03]. In Abbildung 4.8 sind die Kapazitäten Gate-Bulk (GB), Gate-Source (GS) und Gate-Drain (GD) in Abhängigkeit des Arbeitspunktes nach dem Meyer-Modell eines MOS-Transistors dargestellt.

Die äquivalenten Widerstände zur Erweiterung der Simulationsmodelle für eine Gleichstromanalyse müssten somit ebenfalls vom Arbeitspunkt des Bauelements abhängig sein können. Dies würde allerdings einen erhöhten Aufwand in der Implementierung der Modelle nach sich ziehen. Bei dem in dieser Arbeit entwickelten Verifikationsansatz wurden die äquivalenten Widerstände als konstanter Wert definiert. Das Standard-Simulationsmodell wurde parallel zu jeder Kapazität um den entsprechen-

4.2 Modellierungsansatz

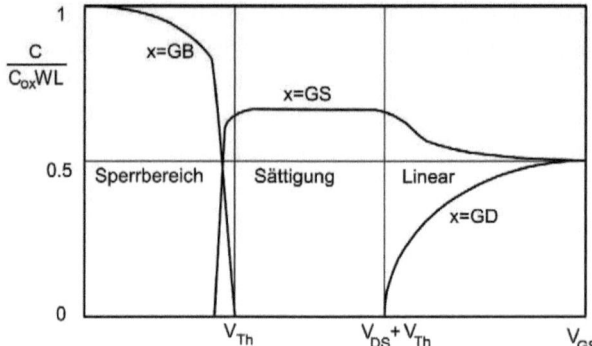

Abb. 4.8: Arbeitspunktabhängige Kapazitäten eines MOS-Transistors [Mal01]

den Widerstand erweitert (siehe Abbildung 4.6 (links)). Da die internen Kapazitäten bei einer Gleichstromsimulation durch offene Schaltkreise ersetzt werden, muss der interne Aufbau der Standard-Simulationsmodelle nicht verändert werden. Dadurch wird eine automatisierte Erstellung der erweiterten Gleichstrom-Simulationsmodelle möglich.

Bei Nutzung einer transienten Analyse müssen keine Erweiterungen der Simulationsmodelle aufgrund der verwendeten Analyseart durchgeführt werden (siehe Abbildung 4.6 (rechts)). Durch den erhöhten Modellierungsaufwand bei Nutzung einer Gleichstromanalyse und der moderaten Reduktion der Simulationszeit im Vergleich zu einer transienten Analyse (siehe Abschnitt 3.2.2) wird in dieser Arbeit eine transiente Simulation der Schaltung genutzt, um in Verbindung mit den erweiterten Simulationsmodellen elektrostatische Entladungen simulieren und die Ergebnisse auswerten zu können.

4.2.4 Recheneffiziente Implementierung der erweiterten Simulationsmodelle

Zur Überlastdetektion innerhalb von Bauelementen während einer elektrostatischen Entladung wurde innerhalb dieser Arbeit ein Element (*subcircuit*) mit der Bezeichnung *clexiw* entwickelt. In diesem Element wurden im Fall einer Gleichstromanalyse die äquivalenten Widerstände (siehe Abbildung 4.6) und anti-seriellen Dioden zusammengefasst. Durch die Übergabe von Parametern an den subcircuit *clexiw* werden die Werte zur Überlastdetektion in Abhängigkeit der Bauelementgröße skaliert. Für die Implementierung dieser Funktion wurden folgende Realisierungsmöglichkeiten

4 Entwicklung einer neuen Verifikationsstrategie zur Analyse integrierter Schaltungen gegenüber ESD-Impulsen

näher betrachtet:

- Vorkompilierte SPICE-Modelle mit nativen SPICE-Elementen
- Vorkompilierte SPICE-Modelle mit Assertions
- Verilog-A Modell

Die beiden Implementierungsvarianten, welche vorkompilierte SPICE-Modelle nutzen, können durch einen Subcircuit realisiert werden und unterscheiden sich nur durch den internen Aufbau. Das Verilog-A Modell wird direkt durch die Hardwarebeschreibungssprache definiert und dann einem Symbol der Bauteilbibliothek zugewiesen. Die zu übergebenden Parameter sind bei allen Implementierungsvarianten identisch.

Vorkompiliertes SPICE-Modell mit nativen SPICE-Elementen

Diese Implementierungsvariante besteht ausschließlich aus Elementen, die als kompilierte Modelle (native SPICE-Elemente) in dem Schaltungssimulator Spectre® der Firma Cadence vorliegen. Zur Detektion von Überlastungen wird ein *iwarn*-Element an zwei Dioden (Instanzen *D1* und *D2* Abbildung in 4.9) angeschlossen, so dass die beiden Terminals des *iwarn*-Elements (Instanz *clexiw* in Abbildung 4.9) mit den Kathoden beider Dioden verbunden sind. Das *iwarn*-Element führt an beiden Terminals den gleichen Strom, allerdings mit anderem Vorzeichen. Über einen Parameter kann der Nutzer einen Schwellwert definieren, ab dem eine Textmeldung in der Protokolldatei des Simulators erscheint. Dabei ist zu beachten, dass das *iwarn*-Element kein Standardmodell des Schaltungssimulator Spectre® ist. Dieses Modell wurde über das Compiled-Model-Interface (CMI) von Spectre implementiert und innerhalb dieser Arbeit verwendet.

Vorkompiliertes SPICE-Modell mit Assertions

Der grundlegende Aufbau dieser Implementierungsvariante gleicht der oben erwähnten (SPICE-Modell mit nativen SPICE-Elementen), allerdings wurde das *iwarn*-Element durch eine *Assert*-Anweisung (Anweisung *clexiw assert* in Abbildung 4.9) ersetzt. Durch eine Assert-Anweisung können Strom- oder Spannungswerte sowie Modellparameter überwacht und bedingte Aktionen ausgeführt werden. In diesem Modell wird, ähnlich dem *iwarn*-Element, der Diodenstrom in jedem Simulationsschritt überwacht und bei Überschreiten eines Grenzwertes ebenfalls eine Textmeldung in die Protokolldatei des Simulators erzeugt. Im Gegensatz zum *iwarn*-Element ist die

```
 5 inline subckt clexiw( term1 term2 )
 6 parameters
 7 ....
 8 model dio1 diode level=1 is=1e-20 isw=0 tt=0 cd=0 cjo=0 vj=1
     cjsw=0 vjsw=1 bv=vbr1 bvj=10*vbr1 rs=rs1 ibv=min(1e-06 , 0.1*
     ilimit)
 9 model dio2 diode level=1 is=1e-20 isw=0 tt=0 cd=0 cjo=0 vj=1
     cjsw=0 vjsw=1 bv=vbr2 bvj=10*vbr2 rs=rs2 ibv=min(1e-06 , 0.1*
     ilimit)
10 clexiw ( int1 int2 ) iwarn i1=-ilimit i2=ilimit name=message
     severity=notice type=subckt
11 D1 ( term1 int1 ) dio1
12 D2 ( term2 int2 ) dio2
13 ends clexiw
```

Abb. 4.9: SPICE-Modell zur Überlastdetektion mit nativen SPICE-Elementen

Assert-Anweisung nativer Bestandteil des Cadence Spectre® Funktionsumfangs und ist somit universeller nutzbar.

Verilog-A Modell

Verilog-A ist eine Erweiterung der Hardwarebeschreibungssprache Verilog, um auch wertkontinuierliche Beziehungen zwischen elektrischen oder physikalischen Größen beschreiben zu können. In der Vergangenheit waren Simulationen mit Netzlisten mehrerer Hardwarebeschreibungssprachen nur durch die Kopplung von Schaltungssimulatoren der entsprechenden HDLs möglich. Problematisch hierbei ist das Zuweisen von Teilen der Netzliste an die verschiedenen Simulatoren, das Einfügen von Schnittstellenelementen und die Synchronisation der Ergebnisse nach jedem Simulationsschritt [KZ04]. Moderne Schaltungssimulatoren, wie z.B. Cadence Spectre®, sind in der Lage, mehrere Hardwarebeschreibungssprachen zu interpretieren und durch einen zentralen Rechenkern zu lösen.

In Abbildung 4.11 ist der Quellcode der Verilog-A Implementierung des *clexiw*-Elements dargestellt. Die Strom-Spannungs-Charakteristik wird dabei über mathematische Verknüpfung von Spannungen und Variablen stückweise innerhalb einer *if*-Anweisung definiert. Die Textmeldung zur Ausgabe von Instanznamen, Durchbruchspannungen und Bauelementschädigung ist über die *strobe*-Anweisung realisiert worden.

4 Entwicklung einer neuen Verifikationsstrategie zur Analyse integrierter Schaltungen gegenüber ESD-Impulsen

```
17  inline subckt clexiw( term1 term2 )
18  parameters
19  ....
20  model dio1 diode level=1 is=1e-20 isw=0 tt=0 cd=0 cjo=0 vj=1
        cjsw=0 vjsw=1 bv=vbr1 bvj=10*vbr1 rs=rss1 ibv=min(1e-06 ,
        0.1*ilimit)
21  model dio2 diode level=1 is=1e-20 isw=0 tt=0 cd=0 cjo=0 vj=1
        cjsw=0 vjsw=1 bv=vbr2 bvj=10*vbr2 rs=rss2 ibv=min(1e-06 ,
        0.1*ilimit)
22  ifwd (term1 int) dio1
23  irev (term2 int) dio2
24  clexiw assert dev=ifwd min=-ilimit max=ilimit param=i level=
        warning message=message
25  ends clexiw
```

Abb. 4.10: SPICE-Modell zur Überlastdetektion mit Assert-Anweisung

```
29  `include ....
30  module bdwarn(port1,port2);
31  ....
32  parameter ....
33  integer ....
34  analog begin
35  @(initial_step) wout=0;
36  vbr1t=vbr2; vbr2t=vbr1;
37  if(V(port1,port2)>vbr2t)
38  i = slope1*V(port1,port2)-vbr2t*slope1;
39  else if(V(port2,port1)>vbr1t)
40  i = -slope2*V(port2,port1)+vbr1t*slope2;
41  else i = 1e-8;
42  ....
43  end
44  @(final_step)
45  $strobe(" %m Breakdown: bdwarn %g %g %g %g",vbr1,vbr2,bdv,bdvi);
46  end endmodule
```

Abb. 4.11: Verilog-A-Modell zur Überlastdetektion

4.2 Modellierungsansatz

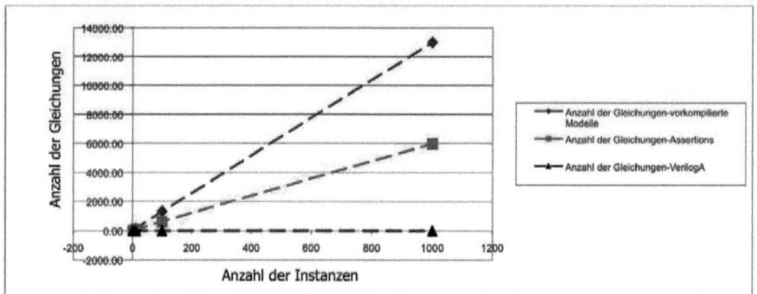

Abb. 4.12: Anzahl der Gleichungen der System-Matrix in Abhängigkeit der Instanzen zur Überlastdetektion bei verschiedenen Implementierungsvarianten

Gegenüberstellung der Größe der System-Matrix und Rechenzeit der verschiedenen Implementierungsvarianten

Um die Effizienz der Implementierungsvarianten hinsichtlich der Rechenzeit bewerten zu können, wurden die Größe der System-Matrix und die Konvergenzeigenschaften betrachtet. Diese Information wird beim Start der Simulation vom Schaltungssimulator erzeugt und ausgegeben. In Abbildung 4.12 ist die Anzahl der Gleichungen der System-Matrix gegenüber der Anzahl der instantiierten *clexiw*-Elemente aufgetragen. Dabei sind die einzelnen Bauelemente parallel an eine Spannungsquelle angeschlossen worden. Anschließend wurde ein DC-Transfer-Analyse von -10 V bis 10 V durchgeführt. Die verschiedenen Implementierungsvarianten waren dabei gleich konfiguriert, d.h. die Durchbruchspannungen und Serienwiderstände waren identisch. Durch dieses Simulations-Setup ist sichergestellt, dass die Konvergenzeigenschaften, bezogen auf die Schaltungstopologie und Analyseart, für alle drei Implementierungsvarianten identisch sind. Unterschiedliches Verhalten hinsichtlich der Konvergenz kann somit nur aufgrund des internen Aufbaus des *clexiw*-Elements hervorgerufen werden.

Die Implementierung unter Nutzung vorkompilierter SPICE-Elemente weisen einen linearen Zusammenhang zwischen Instanzanzahl und Anzahl der Gleichungen der System-Matrix auf, wobei bei dem *clexiw*-Element mit Assertions ein geringerer Anstieg zu verzeichnen ist. Da bei dieser Implementierung statt eines *iwarn*-Elementes eine Assert-Anweisung verwendet wird, reduziert sich somit auch die Größe der System-Matrix. Die Anzahl der Gleichungen bei der Verilog-A-Implementierung wird konstant mit zwei angegeben, da das Modul bdwarn in ein kompiliertes Element vor Beginn der Simulation über das Compiled-Model-Interface des Schaltungsimulators Spectre® überführt wurde.

4 Entwicklung einer neuen Verifikationsstrategie zur Analyse integrierter
Schaltungen gegenüber ESD-Impulsen

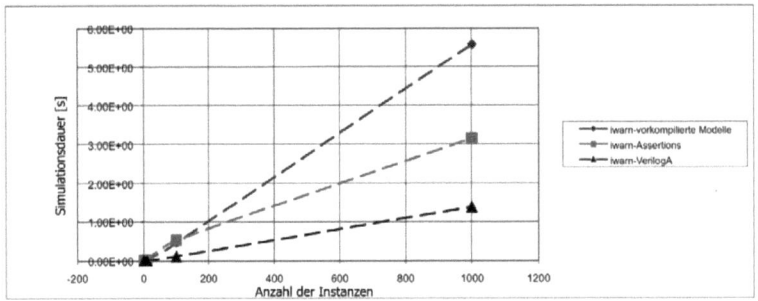

Abb. 4.13: Simulationsdauer in Abhängigkeit der Anzahl der Instanzen zur Überlastdetektion bei verschiedenen Implementierungsvarianten

In Abbildung 4.13 ist die Simulationsdauer in Abhängigkeit der instantiierten *clexiw*-Elemente dargestellt. Die Simulationszeit ist hierbei der Mittelwert aus 20 Einzelsimulationen, um Schwankungen der Rechendauer, verursacht durch unterschiedliche Auslastung der ausführenden Rechner, zu minimieren. Die Implementierungen der vorkompilierten SPICE-Elemente weisen im Bereich von ein bis 100 Instanzen nur geringe Abweichungen im Bereich von Null Prozent bis 25 % auf. Bei einer *clexiw*-Anzahl von 1000 Elementen weist die Implementierungsvariante der vorkompilierten SPICE-Modelle unter Nutzung von Assertions einen signifikanten Rechenzeitgewinn von 43 % auf.

Die Verilog-A-Implementierung des *clexiw*-Elements benötigt insgesamt die geringste Rechenzeit und weist durchschnittlich einen Rechenzeitgewinn von 67 % gegenüber der *clexiw*-Implementierung mit Assertions auf. Dies ist darauf zurückzuführen, dass der Schaltungssimulator Spectre® Verilog-A Modelle vor Beginn der Simulation in eine C-Repräsentation übersetzt und anschließend kompiliert. Außerdem ist die Komplexität des Modells wesentlich geringer, da hier im Gegensatz zu den beiden Implementierungsvarianten mit vorkompilierten SPICE-Elementen keine zusätzlichen physikalischen Effekte modelliert werden (wie z.B. das Verhalten der Dioden im Sperr- und Durchlassbereich der anti-seriellen Diodenmodelle).

4.2.5 Automatisierte Erstellung der Simulationsmodelle

Standardsimulationsmodelle einer Halbleitertechnologie werden im industriellen Einsatz ständig weiterentwickelt und modifiziert. Die in dieser Arbeit entwickelte Verifikationsmethodik ist so konzipiert, dass die erweiterten Simulationsmodelle für ESD-Analysen aus den Standardsimulationsmodellen automatisiert erzeugt werden

4.2 Modellierungsansatz

können. Diese Eigenschaft ist eine wichtige Voraussetzung zur Akzeptanz des Verifikationsablaufs im industriellen Umfeld. Aus diesem Grund wurde ein Werkzeug mit der Bezeichnung *modelGen* (siehe Abbildung 4.15) entwickelt, welches die Standardsimulationsmodelle in erweiterte Modelle konvertiert. Die erweiterten Modelle können dann zur Simulation von ESD-Ereignissen genutzt werden.

Wie im Abschnitt 1.3 bereits dargestellt, werden Simulationsmodelle in Form von Textdateien abgelegt. Durch die Komplexität heutiger Technologien und der daraus resultierenden Vielzahl an Halbleiterbauelementen ist es üblich, die Simulationsmodelle ähnlich wie einen Schaltungsblock eines Schaltplans hierarchisch aufzubauen. In Abbildung 4.14 ist der Aufbau einer Bibliothek von Simulationsmodellen beispielhaft dargestellt. Diese Bibliothek gliedert sich in vier Hierarchieebenen.

Die erste Ebene bildet die zentrale Simulationsbibliothek einer Technologie. In dieser Datei werden alle weiteren Unterkategorien eingebunden. In der Regel existieren auf dieser Ebene Sektionen, in denen Simulationsmodelle mit unterschiedlichen Parametersätzen aufgerufen werden. Durch das Wechseln der Sektion im Schaltungssimulator ist es somit möglich, z.B. Fertigungstoleranzen in verschiedenen Abstufungen zu berücksichtigen. In der zweiten Hierarchieebene werden die grundlegenden Bauelemente in Kategorien zusammengefasst und ihrer Funktionalität nach strukturiert. Außerdem existiert eine Datei, in der Parameter definiert sind, welche für alle Bauelemente dieser Technologie gelten. Auf dieser Ebene wird das Element zur Erweiterung der Simulationsmodelle (siehe Abschnitt 4.2.4) abgelegt, um Simulationen von elektrostatischen Entladungen zu ermöglichen. In der dritten Hierarchieebene befinden sich die Simulationsmodelle der Bauelemente in ihren unterschiedlichen Ausprägungen. In Abhängigkeit der verwendeten Technologie existieren z.B. MOS-Transistoren unterschiedlicher Spannungsklassen, rein bipolare- oder rein MOS-basierte Bauelemente. Die vierte Ebene bilden die in SPICE vorkompilierten Modelle, wie z.B. Dioden, Widerstände, Kondensatoren, bipolare- oder MOS-Transistoren. Aus diesen Grundelementen werden die Elemente höherer Hierarchieebenen durch *subcircuit*-Anweisungen aufgebaut.

In den Simulationsmodellen jeder Hierarchieebene können Parameter definiert werden, um skalierbare Abhängigkeiten zu implementieren. In einer *subcircuit*-Anweisung kann ein Standardwert eines Parameters definiert werden. Ähnlich wie bei der Vererbung von Parameterwerten in der Hierarchie des Schaltplans werden die Werte der Parameter von der oberen zur darunter liegenden Hierarchieebene vererbt. Wird auf der oberen Ebene kein Parameter an eine Instanz übergeben, ist der Standardwert in der Modelldefinition der unteren Ebene gültig.

4 Entwicklung einer neuen Verifikationsstrategie zur Analyse integrierter Schaltungen gegenüber ESD-Impulsen

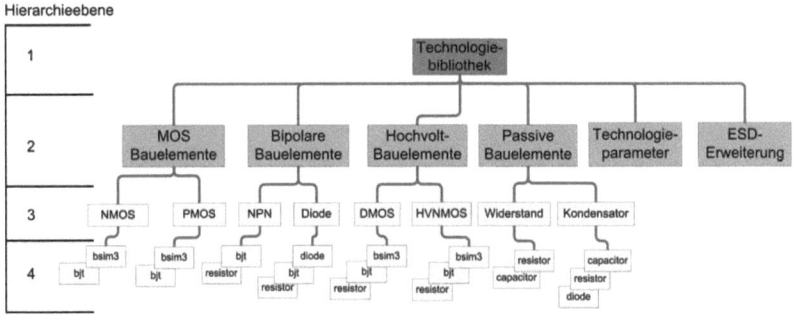

Abb. 4.14: Beispielhafte Darstellung der Hierarchie von Simulationsmodellen

Um die Standardsimulationsmodelle automatisiert zu erzeugen, wurde ein Werkzeug namens *modelGen* entwickelt und implementiert. Da zu diesem Zweck Textdateien durchsucht und modifiziert werden müssen, wurden die Skript-Sprachen *awk* bzw. *sed* verwendet. Weiterführende Information zu diesen Skript-Sprachen ist in [SSFH00] zu finden. Die Interpreter dieser beiden Skriptsprachen sind heute fester Bestandteil vieler UNIX- und Linux-Betriebssysteme und somit ideal im Umfeld der EDA-Softwareentwicklung einsetzbar.

Die Ausgangsbasis zur Erstellung der erweiterten Simulationsmodelle sind einerseits die Standardsimulationsmodelle einer bestimmten Technologie und andererseits die entsprechenden Parameter (Durchbruchspannung bv und Serienwiderstand rs in Abbildung 4.9) zur Modellierung des Bauelementverhaltens beim Auftreten elektrostatischer Entladungen. Voraussetzung für die automatisierte Bearbeitung der Modelldateien ist eine Strukturierung der Simulationsmodelle durch *Spectre*® *subcircuits* nach Abbildung 4.14 sowie eine strukturierte Datenbasis der ESD-Parameter. Dabei soll die Parameter-Datenbasis übersichtlich sein, um die Wartbarkeit im Fall von Ergänzungen und Überarbeitung der Werte zu erhöhen. Zusätzlich muss die Formatierung so gewählt werden, dass es effizient rechnergestützt verarbeitet werden kann. Aus diesen Gründen wurden die Parameter in einer Textdatei abgelegt, welche in Form einer Tabelle strukturiert ist (siehe 4.16).

Die automatisierte Erstellung der Simulationsmodelle ist in Abbildung 4.15 dargestellt. Zu Beginn dieses Prozesses wird die Parameter-Datenbasis komplett zeilenweise eingelesen und in einem Array zwischengespeichert (siehe Punkt 1). Zeilen, die mit einem Sternsymbol (*) beginnen, stellen einen Kommentar dar, um die Lesbarkeit der Tabelle zu erhöhen. Der Aufbau einer Zeile ist immer identisch. Die einzelnen Spalten der Tabelle werden dabei durch das Symbol Pipe (|) voneinander getrennt. Die erste

4.2 Modellierungsansatz

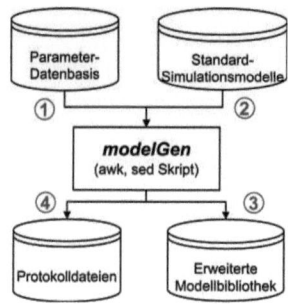

Abb. 4.15: Automatisierte Erstellung der erweiterten Simulationsmodelle aus den Standard-Simulationsmodellen und der ESD-Parameter Datenbasis

Spalte beinhaltet den Namen des Simulationsmodells, für das die nachfolgenden Parameter gelten. Die nachfolgenden Parameter definieren:

- Terminalpaare (Spalten *term1* und *term2*), an denen das Element zur Modellierung des Durchbruchverhaltens angeschlossen wird
- Durchbruchspannungen in positive und negative Belastungsrichtung (Spalten *bv1* und *bv2*)
- Serienwiderstände der anti-seriellen Diodenpaare (Spalten *rs1* und *rs2*)
- Stromgrenze (Spalte *iwlimit*) sowie die Textmeldung des Simulators im Fall einer Überschreitung der Stromgrenze (Spalte *message*)

Die Bezeichner des Simulationsmodells und der Terminals müssen mit den Bezeichnern im Simulationsmodell übereinstimmen. Die Werte für die Durchbruchspannungen, die Serienwiderstände sowie die Stromgrenze können durch Zahlenwerte oder Parameter definiert werden. Üblicherweise werden zur Erhöhung der Wartbarkeit Parameter verwendet, welche, wie in Abbildung 4.14, z.B. als Technologieparameter abgelegt werden können.

Nach dem Einlesen der Parameter-Datenbasis werden die Standard-Simulationsmodelle ebenfalls zeilenweise eingelesen (siehe Punkt 2). Dabei wird in der aktuellen Zeile das Schlüsselwort für eine Subcircuit-Definition gesucht (*inline subckt* im Fall des Cadence Spectre® Schaltungssimulators). Wenn diese Bedingung erfüllt ist, wird in der ersten Spalte des Arrays, in dem die ESD-Parameter gespeichert sind, nach dem aktuellen Simulationsmodell gesucht und alle Einträge am Ende der Subcircuit-Definition eingefügt und zeilenweise in die Zieldatei der erweiterten Simulationsmodelle geschrieben (siehe Punkt 3). Somit sind die eingefügten *clexiw*-Elemente parallel zu den Terminals geschaltet, welche in den Spalten *term1* und *term2* definiert sind (Instanz

4 Entwicklung einer neuen Verifikationsstrategie zur Analyse integrierter Schaltungen gegenüber ESD-Impulsen

```
48  *dtype  |  term1  |  term2  |  bv1  |  bv2  |  rs1  |  rs2  |  ilimit  |
       message
49  ***************LV–NMOS****************
50  mn00p|d|s|nvds|nvds|1.0|1.0|(w*mult*iwLimit)|Breakdown: d–s LV–
       NMOS
51  mn00p|g|b|vcox|vcox|1.5|1.5|(w*mult*iwLimit)|Breakdown: g–b LV–
       NMOS
52  .....
```

Abb. 4.16: Auszug der Parameter-Datenbasis zur Definition ESD-relevanter Bauelementparameter

```
54  inline subckt lvnmos ( d g s b sub )
55  parameters w = 1.000e−05  l = 1.000e−05  mult = 1.000e+00  trise =
       0.000e+00 gates = 1
56  lvnmos (d g s b sub) mos1 w = w  l = l  mult = mult  trise = trise
57  .....
58  .....
59  clexiwgs ( g s ) clexiw vbr1=vcox vbr2=vcox rs1=0.0 rs2=0.0
       ilimit=(w*mult*iwLimit)/2.000e−06 message="Breakdown: g–s HV–
       PMOS"
60  .....
61  .....
62  ends lvnmos
```

Abb. 4.17: Auszug aus einem erweiterten Simulationsmodell mit Elementen zur Überlastdetektion

clexiwgs in Abbildung 4.17). Die Parameter *w* und *mult* werden dabei vom Symbol im Schaltplaneditor während der Erzeugung der Netzliste an die entsprechende Instanz übergeben. Sind die Parameter im Symbol nicht definiert worden, gelten die Standardwerte in der Definition des Simulationsmodells.

Ist kein Eintrag für das aktuelle Simulationsmodell im Parameter-Array vorhanden, wird in einer Protokolldatei ein Eintrag erzeugt, welcher anzeigt, dass das aktuelle Simulationsmodell nicht um *clexiw*-Elemente erweitert wurde (siehe Punkt 4). Wenn die eingelesene Zeile kein Schlüsselwort enthält, wird diese unverändert in die Zieldatei der erweiterten Simulationsmodelle geschrieben (siehe Punkt 3). Die erfolgreich erweiterten Simulationsmodelle, welche in den Standard-Modellen und im Parameter-Array gefunden wurden, werden mit einem Status-Flag im Parameter-Array gekennzeichnet. Zum Schluss des Skriptes werden im Parameter-Array die Modelle herausgefiltert, welche nicht durch *clexiw*-Elemente erweitert wurden und die entsprechenden Einträge in der Protokolldatei erzeugt.

4.3 Bauelement-spezifische Modellierung

Ein Vorteil der Smart-Power Technologien ist die Vielzahl der verfügbaren Bauelemente. So können CMOS, DMOS und bipolar-Bauelemente auf einem integrierten Schaltkreis verwendet werden. Die unterschiedliche Funktion und die vielfältigen Implementierungsvarianten der Schaltungselemente bedingt teilweise auch eine gesonderte Modellierung des Verhaltens beim Auftreten elektrostatischer Entladungen. In dem hier vorgestellten Verifikationsansatz werden folgende Effekte nur in bestimmten Bauelementen modelliert.

- Abhängigkeit der Kollektor-Emitter Spannung vom Basisstrom bei bipolar-Transistoren
- Stromtragfähigkeit von Widerständen und Dioden
- Verhalten von ESD-Schutzdioden

4.3.1 Abhängigkeit der Kollektor-Emitter-Spannung vom Basisstrom bei bipolar-Transistoren

Um die Abhängigkeit der Durchbruchspannungen des bipolar-Transistors vom Basisstrom zu modellieren (siehe Abschnitt 2.1.3), ohne die numerische Stabilität der Simulation negativ zu beeinflussen, wurden zwei *clexiw*-Elemente parallel zu den Kollektor-Emitter-Anschlüssen geschaltet (siehe Abbildung 4.19). Dabei weist das Element mit der Bezeichnung $iwarn_{UBE0}$ eine gegenüber dem Element $iwarn_{UCE0}$ reduzierte Durchbruchspannung auf. Dadurch wird die Textmeldung in der Protokolldatei des Simulators bereits bei niedrigeren Spannungen ausgelöst (1. Warnung in Abbildung 4.18).

Der Serienwiderstand des $iwarn_{UBE0}$-Elements ist dabei so hoch, dass nur ein geringer Strom im Bereich von einigen Nanoampere während einer Pulsbelastung fließt und somit das Verhalten des bipolar-Transistors im Bereich zwischen BU_{CE0} und BU_{CB0} nicht oder nur unwesentlich beeinflusst. Die Textmeldung des Elements $iwarn_{UCE0}$ wird erst bei höheren Spannungen ausgelöst, allerdings dann mit einem niederohmigen Pfad zum Bezugspotential (2. Warnung in Abbildung 4.18). Ist in der Protokolldatei des Schaltungssimulators die Textmeldung des $iwarn_{UBE0}$-Elements vorhanden, muss der Schaltungsentwickler den Stromfluss in die Basis überprüfen und entscheiden, ob diese Meldung als kritisch zu bewerten ist.

4 Entwicklung einer neuen Verifikationsstrategie zur Analyse integrierter Schaltungen gegenüber ESD-Impulsen

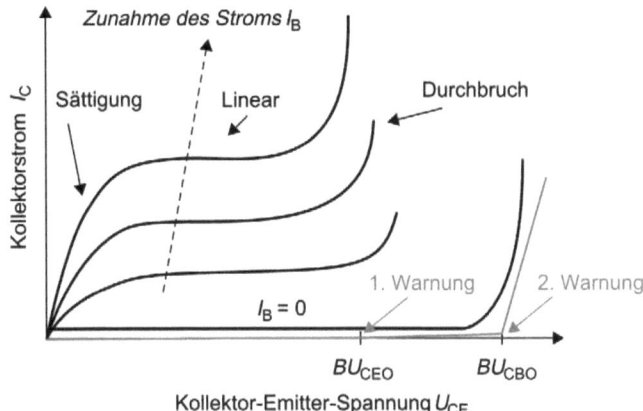

Abb. 4.18: Kollektorstrom als Funktion der Kollektor-Emitter-Spannung U_{CE} in Abhängigkeit des Basisstroms I_B [AD02]

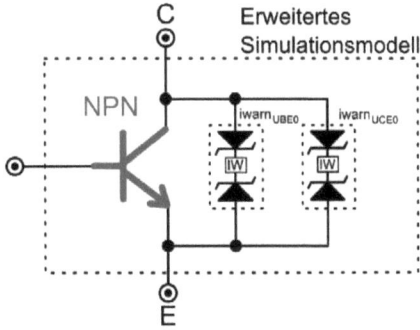

Abb. 4.19: Vereinfachte Modellierung der von der Basisbeschaltung abhängigen Kollektor-Emitter-Durchbruchspannung

4.3 Bauelement-spezifische Modellierung

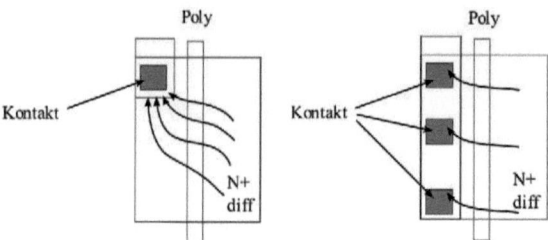

Abb. 4.20: Ungünstige Drain-Source-Stromverteilung (links), Gleichmäßige Drain-Source-Stromverteilung eines MOS-Transistors (rechts) [SB07]

4.3.2 Stromtragfähigkeit von Widerständen und Dioden

Um die Stromtragfähigkeit von Widerständen und Dioden anzupassen, hat der Schaltungsentwickler die Möglichkeit, die geometrischen Abmessungen des Bauelements zu variieren. Eine weitere Einflussgröße hinsichtlich der Stromtragfähigkeit des Bauelements ist die Anzahl der Kontakte, mit denen z.b. ein Widerstand elektrisch kontaktiert wird. Durch Elektromigration oder Aufschmelzen von Kontakten/Vias kann eine ungünstige Dimensionierung eines Bauelements zum Ausfall führen. In Abbildung 4.20 ist die Stromverteilung eines MOS-Transistors vom Source- zum Drain-Kontakt dargestellt. Bei der Auslegung des Transistors mit nur einem Kontakt ist der Strom durch den Kontakt im Fall einer elektrostatischen Entladung um den Faktor drei höher als in der Auslegung der Transistors, bei dem drei Kontakte verwendet wurden [SB07].

Da jeder Kontakt nur einen technologie-abhängigen Maximalstrom führen kann, werden in der Regel Arrays von Kontakten definiert. Diese werden vom Schaltungsentwickler manuell auf Basis der Spezifikationen während der Erstellung des Schaltplans definiert. Um eine Überlastung eines Kontaktes feststellen zu können, müssen die maximal zulässigen Stromgrenzen mit der Anzahl der Kontakte skalieren.

$$I_{max} = \frac{(n \cdot iwLimit)}{n_0} \tag{4.4}$$

Für eine Diode ist der Maximalstrom von der Anzahl der Kontakte n, einer technologieabhängigen Stromgrenze $iwLimit$ und dem Standardwert der Kontaktanzahl n_0 abhängig und wird nach Gleichung 4.4 ermittelt.

4 Entwicklung einer neuen Verifikationsstrategie zur Analyse integrierter Schaltungen gegenüber ESD-Impulsen

4.3.3 Verhalten von ESD-Schutzelementen

ESD-Schutzelemente sind wichtige Komponenten im ESD-Schutzkonzept eines integrierten Schaltkreises. Diese Bauelemente werden zum Schutz von Ein- und Ausgangsstrukturen, zum Ableiten von Strom- und Spannungsspitzen an empfindlichen Schaltungselementen und zum Ausgleich von Potentialunterschieden zwischen Domänen unterschiedlicher Versorgungsspannungen verwendet.

In Abbildung 4.21 sind Strom-Spannungs-Verläufe eines Bauelements mit Snapback-Charakteristik (bipolar-Transistor) abgebildet. Die Kurvenschar ist durch Transmission-Line-Pulsing mit unterschiedlichen Pulsdauern aufgenommen worden. Dabei ist die Abhängigkeit des Snapback-Verhaltens von der Pulsdauer deutlich zu erkennen. Ferner sind beim ESD-Schutz auch die Streuungen der Durchbruchspannungen zu berücksichtigen. Aus beiden Gründen kann man nicht von einer einzigen, wohlbekannten Kennlinie ausgehen. Da die Modellierung des Snapback-Verhaltens für einen Full-Chip-Verifikationsansatz mittels SPICE-Simulator aus Konvergenzgründen (siehe Abschnitt 3.2.1) nicht praktikabel ist, wird das Snapback-Verhalten nicht nachgebildet, vielmehr werden ESD-Schutzelemente durch eine zweistufige Durchbruchcharakteristik modelliert (siehe Abbildung 4.21), um das physikalische Verhalten vereinfacht abzubilden. Dabei soll durch die Strom-Spannungs-Charakteristik der ungünstigste Fall, das heißt die größte Belastung für den internen, zu schützenden Schaltungsteil wiedergegeben werden. Welche der möglichen Kennlinien der ESD-Struktur für ein Schaltungselement allerdings den ungünstigsten Fall darstellt, hängt stark von der Schaltungstopologie ab.

Ist die ESD-Struktur parallel zum zu schützenden Schaltungsteil geschaltet, so sind die höheren Spannungswerte der ungünstigste Fall. Ist die ESD-Struktur hingegen Teil des Strompfades durch ein gefährdetes Bauelement, so ist eine niedrigere Durchbruchspannung der ungünstigste Fall, auch wenn die Ströme noch klein sind. Um den zweiten Fall abzudecken, wurde für die ESD-Schutzstrukturen ein erster Durchbruch bei der unteren Spezifikationsgrenze der Durchbruchspannung definiert, was den ungünstigsten Fall bei einer Serienschaltung darstellt. Um auch die hohen Spannungen für den üblichen Fall der Parallelschaltung wiederzugeben, steigt die Kennlinie von dort zunächst bis zu einem Strom, der für empfindliche Bauelemente eine Überlastung darstellt, aber für die ESD-Struktur nicht (z.B. 200 mA), steil an und knickt dann so ab, dass die möglichen hohen Spannungen erreicht werden (siehe Abbildung 4.21). Das Zurückschnappen der ESD-Struktur wird aus den erwähnten Gründen nicht modelliert.

Das parametrisierte Simulationsmodell eines ESD-Schutzelements ist in Abbildung

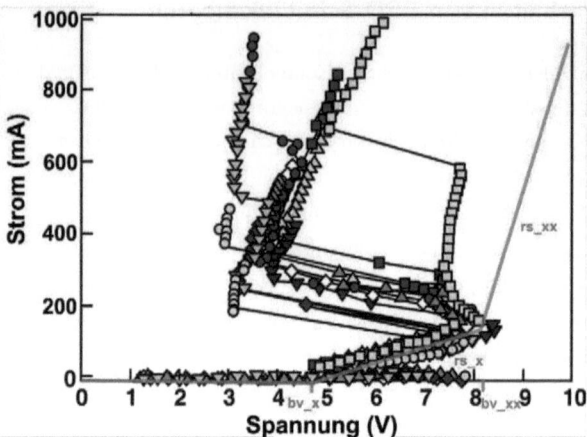

Abb. 4.21: Strom-Spannungsverlauf einer ESD-Diode mit den Schwellspannungen bv_x und bv_xx [Vol04]

4.22 dargestellt. Die Diode $diode\_x$ stellt dabei die untere Spezifikationsgrenze der Durchbruchspannung bv_x dar. Die zweite Diode, $diode\_xx$ mit Durchbruchspannung bv_xx, bildet die Hochstromcharakteristik ohne Snapback ab.

Der Widerstand im Bereich von bv_xx und bv_x ist von der Differenz der beiden Durchbruchspannungen abhängig und ist so dimensioniert, dass bei 200 mA die Spannung bv_xx erreicht wird. Bei Spannungen größer bv_xx ergibt sich der Widerstand nach Gleichung 4.5.

$$rs\_xx = \frac{rs\_x}{10} \qquad (4.5)$$

Ergibt sich nach Gleichung 4.5 ein Widerstand $rs\_xx \leq 3\Omega$, wird der Widerstand rs_xx für $U > bv\_xx$ auf den Wert drei Ohm gesetzt, um die Konvergenz nicht zu gefährden. Die so gewählten Widerstandswerte haben sich im Rahmen dieses worst-case-Ansatzes als praktikabel erwiesen, können aber über die *subcircuit*-Parameter genauer an die einzelnen ESD-Schutzstrukturen angepasst werden.

4.4 Bestimmen des Schaltungszustandes

Bevor der Schaltungszustand analysiert und die Fehlerursachen detektiert werden können, wird eine Schaltungssimulation durchgeführt. Wie in Kapitel 3 beschrieben, stellen Lösungsverfahren unter Nutzung von zeitkontinuierlichen Modellen

4 *Entwicklung einer neuen Verifikationsstrategie zur Analyse integrierter Schaltungen gegenüber ESD-Impulsen*

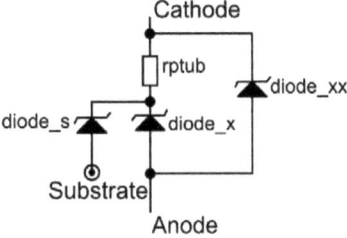

Abb. 4.22: Erweitertes Simulationsmodell eines ESD-Schutzelementes

konzentrierter Elemente einen guten Kompromiss zwischen Genauigkeit und Rechenzeitbedarf dar.

Prinzipiell ist eine Verifikation von Mixed-Signal Schaltungen beim Auftreten elektrostatischer Entladungen mittels einer Gleichstromanalyse möglich. Dazu ist es allerdings notwendig, das dynamische Verhalten der Halbleiterbauelemente, wie in Abschnitt 4.2.3 beschrieben, anzunähern. Dabei können Fehler einerseits durch die Natur des Algorithmus einer Gleichstromanalyse und andererseits durch die Approximation arbeitspunktabhängiger Parameter bei Nutzung einer Gleichstromanalyse entstehen. Die Beispielsimulationen aus Abbildung 3.6 zeigen, dass die Ergebnisse der transienten und der Gleichstromanalyse eine gute Korrelation bis zu einem Strom von ca. einem Milliampere aufweisen. Aufgrund des relativ geringen Zeitvorteils der Gleichstromanalyse gegenüber einer transienten Simulation und des erhöhten Modellierungsaufwandes bei Nutzung einer Gleichstromanalyse wird im weiteren Verlauf dieser Arbeit die transiente Analyse für die Verifikation integrierter Mixed-Signal Schaltkreise beim Auftreten von elektrostatischen Entladungen genutzt.

Mittlerweile existiert eine Vielzahl von SPICE-Derivaten verschiedener Hersteller, welche häufig in Design-Frameworks integriert sind. Durch diese Integration wird es möglich, häufig wiederkehrende Vorgänge unter Nutzung von Skriptsprachen zu automatisieren. In dieser Arbeit wurde der Schaltungssimulator Spectre® der Firma Cadence eingesetzt. Dieser Simulator ist sehr gut in das Cadence Design Framework II eingebettet. Dadurch besteht die Möglichkeit, über die Skriptsprache SKILL® Simulationen zu konfigurieren, zu starten und nach Beendigung des Vorgangs die Simulationsergebnisse auszulesen und zu analysieren.

4.5 Analyse des Schaltungszustandes

Nachdem die Schaltungssimulation (siehe Abbildung 4.1) mit den erweiterten Simulationsmodellen beendet wurde, liegen die Simulationsdaten in der Regel in Form einer Binärdatei vor. Bei transienten Analysen von kompletten Schaltkreisen aus Smart-Power-Technologien nehmen diese Ergebnisdateien Speicherplatz bis zu zwei Gigabyte in Anspruch. Eine manuelle und fehlerfreie Kontrolle der Daten ist somit nahezu unmöglich. Um eventuelle Überlastung von Bauelementen und deren Ursache bewerten zu können, werden in diesem Verifikationsansatz die gefährdeten Bauelemente als Ausgangspunkt für eine Strompfadextraktion (kritische Strompfade) verwendet. Die Daten wiederum werden genutzt, um weitere Strompfade zu ermitteln, welche als reduzierter Schaltplan bezeichnet werden. Durch die grafische Darstellung der sich ergebenden Strompfade und der gefährdeten Bauelemente wird die Analyse des Schaltungszustandes innerhalb komplexer, hierarchischer Schaltpläne erleichtert und die Beseitigung von Schaltungsfehlern ermöglicht.

4.5.1 Gefährdete Bauelemente

Die Überlastung eines Bauelementes durch eine elektrostatische Entladung wird in der vorliegenden Implementierung der Simulationsmodelle (siehe Abschnitt 4.2) während der Schaltungssimulation durch eine in den erweiterten Modellen integrierten Assert-Anweisung detektiert. Die Assert-Anweisung ruft eine Textmeldung in der Protokolldatei des Schaltungssimulators hervor. Das Format dieser Meldung ist in Abbildung 4.23 dargestellt. Für die weitere automatisierte Verarbeitung der Daten sind folgende Angaben nötig:

- hierarchischer Instanzname und Simulationsmodell
- Zeitpunkt, zu dem die Assert-Meldung ausgegeben wurde
- Bezeichnung der Anschlüsse, an denen die Überlastung aufgetreten ist

Diese Informationen werden aus der Protokolldatei des Schaltungssimulators extrahiert, indem die Textdatei nach festgelegten Schlüsselwörtern durchsucht und anschließend in internen Datenbankstrukturen gespeichert wird.

4.5.2 Extraktion kritischer Strompfade

Kritische Strompfade sind Pfade des maximalen Stroms, welche durch das entsprechende *clexiw*-Element innerhalb einer gefährdeten Instanz bis hin zur Stromquelle

4 Entwicklung einer neuen Verifikationsstrategie zur Analyse integrierter Schaltungen gegenüber ESD-Impulsen

```
65  .....
66  Warning from spectre at time = 14.6805 ns during transient
    analysis 'tran '.
67  I73.B_s1264.B0.B3.B3_1.M5_1.clexiwgb: CLEX-overstress: g-b HV-
    PMOS. Instance I73.B_s1264.B0.B3.B3_1.M5_1.clexiwgb.bdrev,
    Parameter 'v' having value 15.0013 V has exceeded its upper
    bound '15'.
68  .....
```

Abb. 4.23:   Auszug aus der Protokolldatei des Schaltungssimulators Spectre® mit einer *CLEX*-Assert-Anweisung

einerseits und zum Bezugspotential andererseits führen. Für jedes gefährdete Bauelement existiert somit ein separater kritischer Pfad. Dabei beginnt die Suche des Strompfades nicht an der Impulsquelle, sondern an den beiden Anschlussterminals, welche durch die Assert-Anweisung als defekt markiert wurden. Um Kopplungen innerhalb der SPICE-Hierarchie bei der Pfadsuche zu betrachten, beginnt der Suchalgorithmus nicht auf der Schaltplanebene, sondern innerhalb der SPICE-Hierarchie auf der Ebene, auf der die *clexiw*-Elemente instantiiert wurden (Ebene zwei oder drei in Abbildung 4.14). Da die Simulationsmodelle in Textdateien definiert sind, wurde aus Gründen der Recheneffizienz eine Datenbank aufgebaut, in der die Struktur der Simulationsmodelle abgelegt ist.

In Abbildung 4.24 sind die gefährdeten Instanzen, der kritische Pfad und der reduzierte Schaltplan an einem Beispielschaltplan dargestellt. Der rot markierte Pfad (—) symbolisiert den kritischen Strompfad und die blauen Markierungen (-·-) stellen den reduzierten Schaltplan dar. Die Instanz *D9* und deren Anschlüsse *term16* und *term17* wurden durch die Assert-Anweisungen in den erweiterten Simulationsmodellen als defekt markiert. Diese sind somit die Startpunkte der Pfadextraktion bis hin zur Impulsquelle. Aufgrund der unterschiedlichen Vorzeichen der Ströme in *term17* und *term16* wird entschieden, ob in Richtung Impulsquelle oder in Richtung Bezugspotential gesucht wird. Dementsprechend wird das Abbruchkriterium für den Suchalgorithmus definiert. Wenn am Anschluss *term16* ein negativer Stromwert ausgelesen wird und der Strom i_{crit1} somit aus der Instanz *D9* herausfließt, wird als Abbruchkriterium des Suchalgorithmus das Erreichen des Netzes *GND* definiert. Somit wird im Netz *net1*, welches an den Anschluss *term16* angeschlossenen ist, nach dem größten positiven Strom gesucht und somit der Anschluss *term1* der Instanz *D1* gefunden. In der Instanz *D1* wird anschließend der Terminal mit dem größten herausfließenden Strom (*term2*) gesucht. Die bei dieser Suche gesammelten Informationen werden in internen Datenstrukturen zur weiteren Verarbeitung

4.5 Analyse des Schaltungszustandes

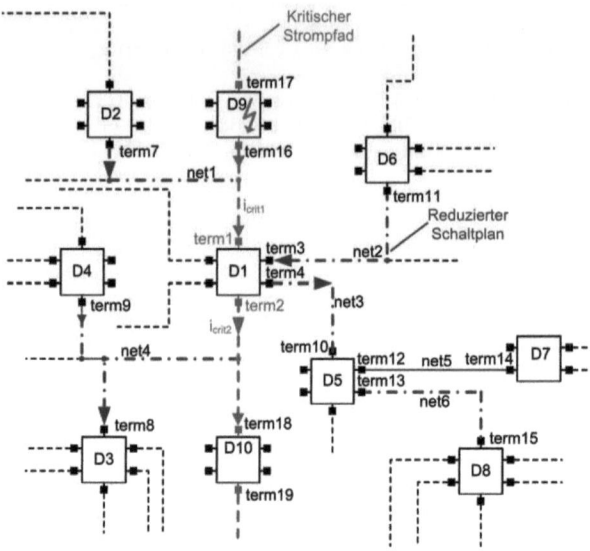

Abb. 4.24: Beispiel einer Strompfadanalyse mit einem kritischen Strompfad und einem reduziertem Schaltplan

abgelegt. Dabei werden die Anschlüsse des kritischen Pfades in der Liste $\{L_{KPT}\}$ und der kritische Pfad in der Liste $\{L_{KP}\}$ gespeichert. Die Suche von maximalen Strömen in Instanzen und Netzen wird solange wiederholt, bis das Abbruchkriterium erfüllt ist. Im Beispiel aus Abbildung 4.24 umfasst die Liste $\{L_{KPT}\}$ die Elemente term1, term2, term16, term17, term18 und term19. Der kritische Pfad wird in dem Format $\{Startterminal - Netz - Zielterminal\}$ gespeichert. Somit ergibt sich die Liste $\{L_{KP}\}$ zu $\{\{term16 - net1 - term1\} \{term2 - net4 - term18\}\}$.

4.5.3 Reduzierter Schaltplan: relevante / beteiligte Schaltungsteile

Die Extraktion der kritischen Strompfade liefert, wie in Abschnitt 4.5.2 beschrieben, nicht in jedem Fall die Pfade des maximalen Stromes zurück. Zum Beispiel kann ein zu einem Niedervolt-Transistor parallel geschalteter Hochvolt-Transistor bzw. ESD-Schutzstruktur einen wesentlich höheren Strom führen als der Niedervolt-Transistor, welcher bereits durch geringen Stromfluss eine Überlast erfährt. Um den Schaltungszustand und insbesondere den Soll- und Ist-Zustand von ESD-Schutzelementen zu bewerten, wird im Anschluss an die Extraktion der kritischen Strompfade ein redu-

4 Entwicklung einer neuen Verifikationsstrategie zur Analyse integrierter Schaltungen gegenüber ESD-Impulsen

zierter Schaltplan erstellt. Dieser enthält alle Schaltungsteile, welche einen gewissen Prozentsatz des Stromes der kritischen Pfade führen. Der reduzierte Schaltplan setzt sich aus den Elementen des kritischen Pfades und den zusätzlichen Elementen (blaue Elemente in Abbildung 4.24) zusammen, welche im Anschluss an die Extraktion der kritischen Pfade ermittelt werden. Am Beispiel der Instanz D1 aus Abbildung 4.24 wird der Ablauf der Erstellung des reduzierten Schaltplans dargestellt:

Analyse der kritischen Instanzen

In allen Instanzen des kritischen Pfades (D1, D9 und D10) werden Anschlüsse ermittelt, welche die Prozentkriterien IPkrit (Gleichung 4.6) und IPmax (Gleichung 4.7) erfüllen. Dabei ist der Strom $i_{krit}(t)$ der Stromwert an dem als defekt markierten Anschluss und $i_{max}(t)$ der maximale Strom eines Anschlusses der untersuchten kritischen Instanz zum Zeitpunkt der Überlastung. Die mit IPkrit und IPmax gefundenen Anschlüsse werden in einer Liste $\{L_{KT}\}$ gespeichert, welche anschließend weiterverarbeitet wird. Somit werden in $\{L_{KT}\}$ zusätzlich zu term1 und term2 die Anschlüsse term3 und term4 abgelegt.

$$i(t) \geq i_{krit}(t) \cdot p_{krit} \qquad (4.6)$$

$$i(t) \geq i_{max}(t) \cdot p_{max} \qquad (4.7)$$

Analyse der kritischen Anschlüsse

In diesem Schritt der Extraktion des reduzierten Schaltplans werden die Netze analysiert, welche an die Anschlüsse der Liste $\{L_{KPT}\}$ angeschlossen sind. In dieser Liste sind die Anschlüsse gespeichert, durch die ein kritischer Pfad führt. Im Beispiel aus Abbildung 4.24 beinhaltet $\{L_{KPT}\}$ die Terminals (term1 term2 term16 term17 term18 term19). Es werden nun alle Anschlüsse von Bauelementen gesucht und gespeichert, welche das folgende kritische Betragskriterium IPmax erfüllen:

$$i(t) \geq | i_{max(t)} \cdot p_{max} | \qquad (4.8)$$

Im Beispiel aus Abbildung 4.24 werden dadurch die Anschlüsse term7 und term8 der Instanzen D2 und D3 als Bestandteil des reduzierten Schaltplans identifiziert. Die entsprechende Liste $\{L_{RS}\}$ beinhaltet neben den Elementen des kritischen Pfades die Elemente ((term16 net1 term1) (term2 net4 term18) (term1 net1 term7) (term2 net4 term8)). Der exakte Aufbau der Datenstrukturen ist hier aus Gründen

4.6 Visualisierung der Strompfade und Bauelementschädigungen

der Übersichtlichkeit vereinfacht dargestellt. In Kapitel 4.7 wird auf diesen Punkt näher eingegangen. Während der Erzeugung des reduzierten Schaltplans werden die Instanzen, welche am reduzierten Schaltplan beteiligt sind, in der Liste $\{L_{IRS}\}$ abgelegt. In Verbindung mit der Liste der bereits bearbeiteten Instanzen $\{L_{BI}\}$ lässt sich der Algorithmus zum Erstellen des reduzierten Schaltplans recheneffizient gestalten. Die Liste $\{L_{IRS}\}$ besteht in dem hier beschriebenen Beispiel aus den Elementen (D2 D3).

Analyse der beteiligten Instanzen

Zusätzlich zu den Netzen, welche an Anschlüsse des kritischen Pfades angeschlossen sind, wird nun das Prozentkriterium des Maximalstromes (Gleichung 4.7) auf die Anschlüsse der Netze angewendet, welche zuvor in der Liste $\{L_{KT}\}$ gespeichert wurden. Im Beispiel aus Abbildung 4.24 wird die Liste $\{L_{RS}\}$ erweitert, so dass folgende Elemente enthalten sind ((term16 net1 term1) (term2 net4 term18) (term1 net1 term7) (term2 net4 term8) **(term2 net4 term9) (term3 net2 term11) (term4 net3 term10)**). Die Liste der Instanzen $\{L_{IRS}\}$ des reduzierten Schaltplans erweitert sich um folgende, dick markierte Elemente (D2 D3 **D4 D5 D6**).

Strompfadextraktion zur Impulsquelle

Im letzten Schritt der Erzeugung des reduzierten Schaltplans wird auf die Instanzen, welche sich in der Liste $\{L_{IRS}\}$, aber nicht in $\{L_{BI}\}$ befinden, wiederum das Prozentkriterium des Maximalstroms (Gleichung 4.7) angewendet. Die Liste der Instanzen $\{L_{IRS}\}$ des reduzierten Schaltplans erweitert sich um folgende, farbig markierte Elemente (D2 D3 D4 D5 D6 **D7 D8**) und der reduzierte Schaltplan $\{L_{RS}\}$ wird durch folgende Elemente abgebildet ((term16 net1 term1) (term2 net4 term18) (term1 net1 term7) (term2 net4 term8) (term2 net4 term9) (term3 net2 term11) (term4 net3 term10) **(term12 net5 term14) (term13 net6 term15)**). Im Anschluss daran werden nur noch die Maximalströme in der Pfadsuche zur Impulsquelle und dem Bezugspotential berücksichtigt.

4.6 Visualisierung der Strompfade und Bauelementschädigungen

Durch die grafische Darstellung der sich ergebenden Strompfade sowie der gefährdeten Bauelemente wird der Schaltungsentwickler in die Lage versetzt, die Strompfade

4 Entwicklung einer neuen Verifikationsstrategie zur Analyse integrierter Schaltungen gegenüber ESD-Impulsen

im Schaltplan-Editor auch über mehrere Hierarchieebenen hinweg zu verfolgen und die Ursache des Fehlverhaltens zu ermitteln. Informationen über die Art des Defektes sowie die Strom- und Spannungswerte werden dabei in einem separaten Menü in Textform dargestellt. Dadurch kann der Arbeitspunkt, z.B. eines ESD-Schutzelementes, und somit auch die korrekte Funktionalität bzw. Ansteuerung des Bauelementes überprüft werden, ohne die einzelnen Daten aus der Ergebnisdatei in einem zeitaufwändigen Prozess herauszusuchen.

Die defekten Instanzen werden dabei in den Datenstrukturen so gespeichert, dass die Hierarchieinformation ebenfalls enthalten ist. Der Aufbau der internen Datenstruktur sieht somit wie folgt aus:

$$(hier1Id\ hier2Id\ hier3Id.....hierXId\ instId)$$

Die Datenbank-Id *hier1Id* stellt dabei das Datenbank-Symbol der obersten Schaltplanebene dar und *hier2Id* bis *hierXId* repräsentieren die Hierarchieebenen des Schaltplans bis hin zur Datenbank-Id der defekten Instanz *instId*. Beim Öffnen von Hierarchieebenen während der Analyse der Simulationsergebnisse liegen die Datenstrukturen der defekten Instanzen wie oben beschrieben vor. Es wird parallel dazu eine Liste mit Instanz-Ids aufgebaut, die bei dem Analysevorgang geöffnet wurden. Durch einen Vergleich der hierarchischen Instanz-Ids wird entschieden, ob in dem geöffneten Schaltplan eine Instanz existiert, welche markiert werden muss.

Heutige Entwurfswerkzeuge bieten aus Gründen der Übersichtlichkeit die Möglichkeit, gleiche Instanzen, welche in einem Schaltplan mehrfach vorkommen, in einem Symbol zusammenzufassen. Diese Art von Instanzen werden als iterierte Instanzen bezeichnet. Um diese Instanzen eindeutig identifizieren zu können, werden die Datenbankstrukturen durch einen Index erweitert. Um in dem ESD-Verifikationsablauf iterierte Instanzen unterstützen zu können, wurde der Aufbau der internen Datenstruktur für defekte Instanzen um den entsprechenden Index erweitert:

$$((hier1Id\ index1)\ (hier2Id\ index2).....(hierXId\ indexX)\ (instId\ index))$$

Jedes Element dieser Datenstruktur stellt somit eine Liste, bestehend aus der Datenbank-Id und dem entsprechenden Index, dar. In Abbildung 4.25 sind zwei iterierte Instanzen *I8* und *IV1* dargestellt. Der nullbasierte Index ist hierbei in eckigen Klammern hinter dem Instanznamen angegeben. Beide Symbole der Instanzen *I8* und *IV1* stellen jeweils vier einzelne Instanzen der Zelle Inverter dar. Ob der Index aufsteigend <0:3> oder absteigend <3:0> definiert ist, legt dabei die Konnektivität mit den angeschlossenen Netzen fest.

4.6 Visualisierung der Strompfade und Bauelementschädigungen

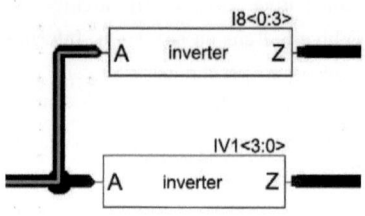

Abb. 4.25: Grafische Darstellung von iterierten Instanzen im Schaltplan-Editor

Ähnlich den iterierten Instanzen bei den Schaltungselementen werden Netze aus Gründen der Übersichtlichkeit zu Bussen zusammengefasst. Auch hier können die einzelnen Signale eines Busses durch einen Index eindeutig identifiziert werden. Ein Element des kritischen Pfades, welches Busse und iterierte Instanzen unterstüzt, wurde in folgender Datenstruktur abgelegt:

$$((hier1Id\ index1)...(hierXId\ indexX)\ signalId\ ...$$

$$...\ (hier1Id\ index1)...(hierYId\ indexY))$$

Die allgemeine Datenstruktur zur Definition eines Teilelementes des kritischen Pfades, wie in Abschnitt 4.5.2 beschrieben, wurde dabei um die Hierarchieinformation erweitert. Statt der *netId* wurde hier die *signalId* verwendet. Würde dabei statt der *signalId* die *netId* des Busses verwendet werden, würde keine eindeutige Zuordnung zwischen den Signalen des Busses und den angeschlossenen Instanzen möglich sein.

Neben den Verbindungen, welche durch Linien und Pfade hergestellt werden, existiert auch die Möglichkeit, Verbindungen von Netzen durch den Bezeichner (Connection by Name) oder durch das Generieren von Parametern (Inherited Connections) zu definieren. Diese Möglichkeiten werden häufig bei komplexen Versorgungsnetzen genutzt, um die Übersichtlichkeit des Schaltplans zu erhöhen. Soll also ein Strompfad nach der Analyse des Schaltungszustandes grafisch dargestellt werden, müssen alle Verbindungstypen dabei berücksichtigt werden. Bei der Nutzung des Verbindungstyps Connection by Name wird zwei oder mehreren Verbingungselementen (Linien oder Pfade) der gleiche Netzname zugewiesen. Die Sichtbarkeit dieses Verbindungstyps beschränkt sich auf eine Hierarchieebene eines Schaltplans. In Abbildung 4.26 ist der Strompfad beginnend bei der Stromquelle zum Terminal *A* der Instanz *I8<0:3>*

4 Entwicklung einer neuen Verifikationsstrategie zur Analyse integrierter
Schaltungen gegenüber ESD-Impulsen

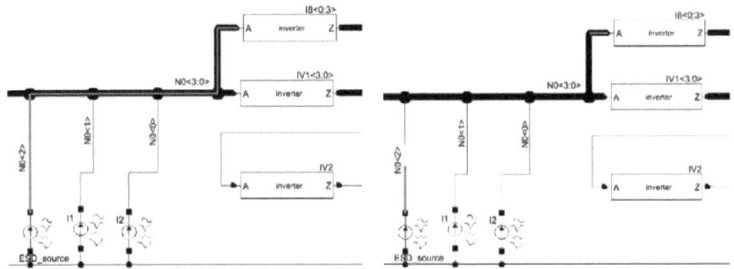

Abb. 4.26: Beispiel für eine Verbindung über Linien und Pfade (links) und Connection by Name (rechts)

über das Netz N0<2> mittels Linien und Pfade sowie durch den Verbindungstyp Connection by Name hergestellt worden. Im Fall einer Verbindung mittels Linien oder Pfade werden die Datenbank-Ids der zugehörigen Linien und Pfade ermittelt und in einer Datenstruktur temporär abgelegt. Dabei ist zu beachten, dass sich der Netzname bei der Eingliederung des Netzes N0<2> in den Bus zu N0<3:0> ändert. Zur Verfolgung des Strompfades zum Terminal A der Instanz I8<0:3> muss die zugehörige Signal-Id verwendet werden. Da der Bus N0<3:0> in diesem Beispiel an eine iterierte Instanz angeschlossen ist, ist es notwendig, die Zuordnung der Netze des Busses zu den Terminals der iterierten Instanz zu bestimmen. Da die Indizes des Busses N0<3:0> und der iterierten Instanz I8<0:3> gegenläufig definiert sind, werden die Netze des Busses gekreuzt an die Instanz angeschlossen.

Im Beispiel der Verbindungsdefinition durch Connection by Name in Abbildung 4.26 (rechts) wurde durch den Suchalgorithmus keine durchgehende Verbindung der beiden Terminals mittels Linien und Pfade gefunden. Darum werden alle Verbindungselemente gesucht, die den Netznamen N0<2> und eine Verbindung zum Terminal A der Instanz I8<0:3> besitzen. Im Fall einer Connection by Name wird nur das erste Verbindungselement am Start- und Zielterminal grafisch hervorgehoben und zusätzlich eine Textmeldung in der Ausgabekonsole generiert.

Inherited Connections werden vorwiegend bei großen hierarchischen Schaltungen eingesetzt, um die Konnektivität der Versorgungsnetze zu definieren. Dazu wird einer hierarchischen Instanz ein sogenanner *Property-Name* und *Property-Value* zugewiesen. Der *Property-Name* ist dabei ein frei gewählter Bezeichner, wohingegen der *Property-Value* ein globales Netz, wie z.B. das Substrat- oder Versorgungsnetz, darstellt. Wird eine inherited Connection über ein Paar aus *Property-Name* und *-Value* definiert, so erstreckt sich die Gültigkeit der Zuweisung bis zu allen Hierarchieebenen, auf denen der *Property-Name* nicht überschrieben wurde. Das Prinzip der Vererbung von *Property-Name* und *-Value* ist in Abbildung 1.6 dargestellt. Für die Instanz *DUT* wird dabei auf der obersten Hierarchieebene der *Property-Name Param1* auf den *Property-Value VDD* gesetzt. Auf der darunterliegenden Hierarchieebene wird diese Zuweisung nur für eine Instanz auf den *Property-Value VDDA* geändert. Wird auf dieser Ebene einem Terminal die inherited Connection mit dem *Property-Name Parma1* zugewiesen, ist dieser Terminal mit dem globalen Netz *VDDA* verbunden.

Da inherited Connection Terminals auf allen Hierarchieebenen miteinander verbinden können, ist die Extraktion dieser Verbindungen zur Laufzeit der Strompfadsuche aus Effizienzgründen nicht realisierbar. Aus diesem Grund wurden für die hier erarbeitete Verifiaktionsmethodik die Verbindungen des gesamten Schaltplans über inherited Connections in einem vorgelagerten Schritt ermittelt und in internen Datenstrukturen gespeichert. Verläuft ein Strompfad über eine inherited Connection, wird der entsprechende Terminal durch eine farbige Textmeldung markiert (siehe Abbildung 4.29). In der Ausgabekonsole wird der Strompfad in Textform ausgegeben.

4.7 Integration in den Entwurfsablauf

Die Integration der hier entwickelten Verifikationsmethodik in eine Entwurfsumgebung von integrierten Schaltkreisen spielt eine entscheidende Rolle für die Akzeptanz und Nutzbarkeit des Simulations- und Analysewerkzeuges. Mit steigender Komplexität von Mixed-Signal Schaltkreisen wurde die Integration der Entwurfswerkzeuge ein wichtiger Faktor auch für den kommerziellen Erfolg einer solchen Werkzeugsammlung (engl. Design-Framework). Durch einheitlich definierte Schnittstellen und Datenstrukturen können die verschiedenen Entwurfswerkzeuge effizient auf die notwendigen Daten zugreifen. Eine zeitaufwändige und fehleranfällige Konvertierung großer Datenmengen, wie z.B. Information über parasitäre Widerstände und Kapazitäten eines extrahierten Layouts, entfällt somit.

4.7.1 Möglichkeiten der Implementierung

Heutige kommerzielle Design-Frameworks unterstützen in der Regel den Zugriff auf interne Datenstrukturen bzw. die Steuerung der im Framework enthaltenen Werkzeuge. Dabei variiert der Funktionsumfang der Programmierschnittstelle (engl. API - Application Programming Interface) erheblich. Die Programmierschnittstelle ist dabei in unterschiedlichen Programmier- bzw. Skriptsprachen implementiert. Weit

4 Entwicklung einer neuen Verifikationsstrategie zur Analyse integrierter Schaltungen gegenüber ESD-Impulsen

verbreitet sind dabei die Sprachen Tlk/TK, SKILL®, C/C++ und Ample. Die in dieser Arbeit entwickelte Verifikationsmethodik wird als Werkzeug innerhalb des Cadence Design-Framework II (kurz DFII) implementiert. Somit stehen folgende Implementierungsvarianten zur Verfügung:

- OpenAccess
- SKILL®
- Unix/Linux Inter-Process-Communication (kurz IPC)

Die OpenAccess Programmierschnittstelle wird seit der DFII-Version 5.1.41 unterstützt. Allerdings ist der volle Funktionsempfang erst in den DFII-Versionen 6.X.X und folgende verfügbar. Vorteil dieser Implementierungsvariante ist die Nutzung von C/C++ als weit verbreitete und etablierte Programmiersprache. Da diese Programmierschnittstelle herstellerübergreifend in verschiedenen Design-Frameworks implementiert ist bzw. wird, werden nicht alle Features der Cadence DFII herstellerinternen SKILL®-Programmierschnittstelle unterstützt, wie beispielsweise die Steuerung des Simulationsablaufes oder der Cadence-eigenen CDF-Parameter (engl. Component Description Format).

Mittels Inter-Process-Communication ist es möglich, ähnlich einer Client-Server-Architektur, Informationen von einer Server-Anwendung innerhalb des Design-Frameworks mit Client-Anwendungen außerhalb des Design-Frameworks zu kommunizieren. Dazu ist es notwendig ein eigenes Protokoll zu implementieren, mit dem Steuerinformationen und Nutzdaten zwischen den Anwendungen ausgetauscht werden können. Die externe Client-Anwendung kann dabei in einer Programmiersprache implementiert werden, die einerseits vom Betriebssystem unterstützt wird und andererseits eine IPC zur Verfügung stellt.

SKILL® ist eine auf LISP basierende Skriptsprache, welche eine Programmierschnittstelle z.B. zur DFII Datenbank und zur Simulationssteuerung besitzt. Die Skriptsprache LISP und somit auch SKILL® zeichnen sich durch eine recheneffiziente Implementierung der Listenoperationen aus und werden seitens Cadence gewartet und weiterentwickelt.

Zum Zeitpunkt der Implementierung der hier entwickelten Verifikationsstrategie war die Version 6.X.X des Cadence DFII noch nicht für den produktiven Einsatz verfügbar. Abgesehen von der Verfügbarkeit der OpenAccess-Programmierschnittstelle hat die SKILL®-Programmierschnittstelle den Vorteil des größeren Funktionsumfangs gerade im Bereich Simulatorsteuerung. In Tabelle 4.1 sind die für die Entscheidung der Implementierung relevanten Eigenschaften dargestellt und bewertet, wobei eine höhere

4.7 Integration in den Entwurfsablauf

Eigenschaften	OpenAccess	SKILL®	IPC
Verfügbarkeit	+	+++	+++
Portierbarkeit	++	+	+
Komplexität	+	++	+
Funktionsumfang	+	+++	++

Tab. 4.1: Vergleich der Implementierungsmöglichkeiten nach den entscheidenden Eigenschaften

Anzahl an '+'-Symbolen eine positivere Bewertung darstellt. Aufgrund des höheren Funktionsumfangs und der besseren Verfügbarkeit wurde die Implementierung des Werkzeuges in SKILL® den anderen beiden Möglichkeiten vorgezogen.

4.7.2 SKILL Implementierung

Das Simulationswerkzeug *CLEX (Chip Level ESD eXtraction)* wurde mittels der Skript-Sprache *SKILL®* implementiert. Diese Skript-Sprache basiert auf *LISP* und wurde an das *Cadence® Design Framework II (DFII)* angepasst. Somit ist es möglich auf Datenbankstrukturen beispielsweise von Schaltplänen oder Layouts zuzugreifen. Auch das Steuern von Simulatoren und Auswerten von Simulationsergebnissen ist mittels *SKILL®* möglich. Das in dieser Arbeit implementierte Simulationswerkzeug basiert auf dem *DFII* der Version 5.1.41 sowie dem Smart-Power-Entwurfsablauf 6.3.0 der Infineon Technologies AG. Es werden dabei Prozeduren aus [Tri06] verwendet, welche grundlegende Funktionalitäten, wie z.B. das Finden eines Strompfades zwischen zwei Anschlüssen oder das farbige Hervorheben eines Strompfades innerhalb des Schaltplan-Editors bereitstellen.

Allgemeiner Verifikationsablauf

In Abbildung 4.27 ist der Ablauf von *CLEX* dargestellt. Als Eingangsdaten dienen die erweiterte Simulationsbibliothek (siehe Abschnitt 4.2.5) in der Syntax des Schaltungssimulators *SPECTRE®* und ein Schaltplan, welcher mit dem Cadence Virtuoso® Schematic Editor erzeugt wurde. *CLEX* wird über eine grafische Benutzerschnittstelle (engl. Graphical User Interface, kurz GUI) namens *ClexAnalysisMenu* gesteuert. Diese grafische Benutzerschnittstelle ist über das *Cadence® Analog Design Environment (ADE)* unter dem Menüpunkt *Tools* zu erreichen. Die braun markierten Elemente (wie z.B. *ASI*-Session-ID) stellen dabei interne Datenstrukturen dar, welche nur zur Laufzeit der Software existieren. Externe Daten, wie z.B. die erweiterte Modellbibliothek, sind hellbraun markiert und liegen auch nach Beendigung von *CLEX* in

4 Entwicklung einer neuen Verifikationsstrategie zur Analyse integrierter Schaltungen gegenüber ESD-Impulsen

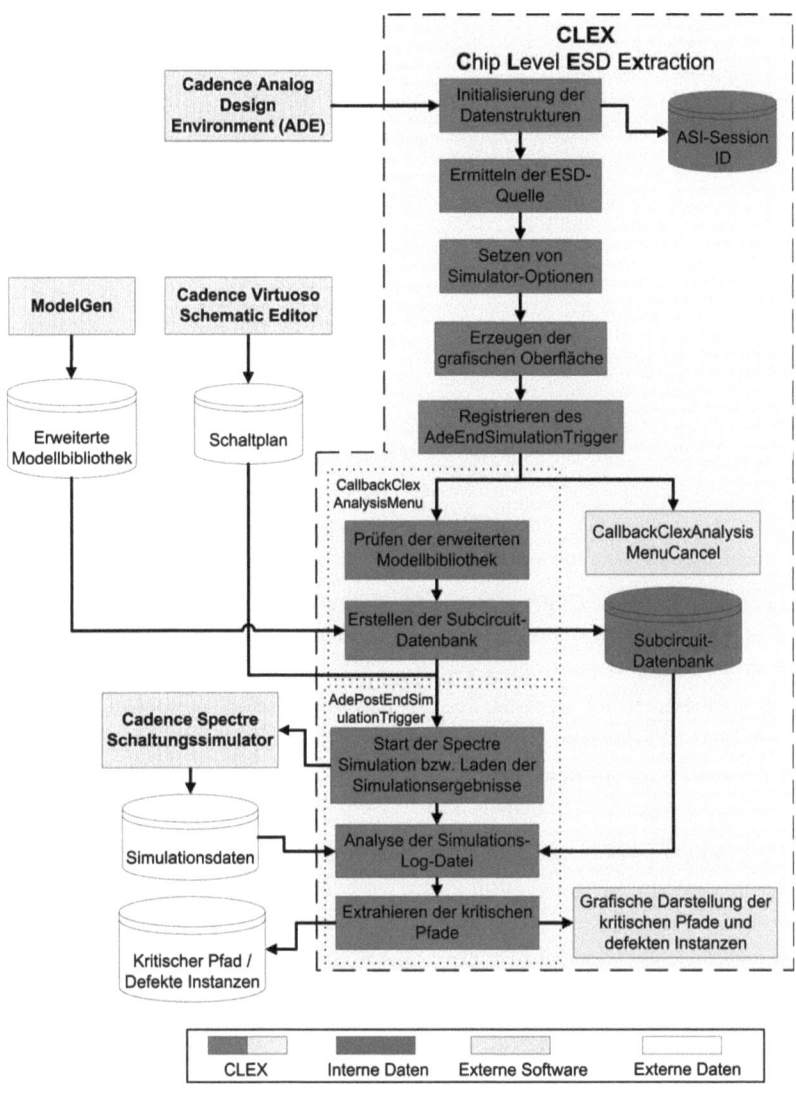

Abb. 4.27: CLEX-Struktogramm und Relationen zu externen Werkzeugen und Daten

4.7 Integration in den Entwurfsablauf

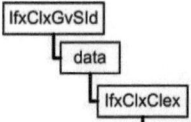

Abb. 4.28: Slot der ADE-Session ID IfxClxGvSId mit temporären CLEX-Datenstrukturen

Form von Text- oder Binärdateien vor. Die rot markierten Elemente symbolisieren externe Werkzeuge des Cadence Design Frameworks II und des Model-Generators (siehe Abschnitt 4.2.5). Die in *SKILL* realisierten Prozeduren sind innerhalb des grauen Bereichs blau hervorgehoben.

Nach dem Start von *CLEX* über den Menüeintrag im *ADE* werden interne Datenstrukturen initialisiert, um während des Programmablaufs Informationen temporär abzulegen. Diese Datenstrukturen werden als Slot in die *ADE*-Session-ID eingefügt, aus der heraus *CLEX* gestartet wurde. Somit ist immer eine eindeutige Zuordnung zwischen *CLEX*-Datenstrukturen und der entsprechenden *ADE*-Session gewährleistet. Folgende Daten werden unter dem Slot der *ADE*-Session ID zur Laufzeit von *CLEX* angelegt und genutzt (Abbildung 4.28).

Nach der Initialisierung der internen Datenstrukturen, dem Ermitteln der ESD-Quelle und dem Setzen bzw. dem Prüfen der Simulationseinstellungen erscheint die grafische Oberfläche des *ClexAnalysisMenu* (siehe Abbildung 4.29). In den Feldern *Design* und *Input* werden Library-, Cell und View-Name (vergl. Abbildung 4.30) der zu simulierenden Schaltung angezeigt. Wenn auf der obersten Hierarchieebene des Schaltplans eine Instanz mit der Bezeichnung *ESDsource* gefunden wird, wird der Name im Feld *ESD Source* als Quelle des Impulses eingetragen und intern die Datenbank-ID (IfxClxGvSId->data->IfxClxClex->ESDId) der Instanz gespeichert. Über diese Datenbank-ID sind Informationen, wie z.B. die Namen der Terminals oder die an die Impulsquelle angeschlossenen Netze, erreichbar. Falls keine Instanz mit dem gesuchten Namen gefunden wird, muss der Nutzer eine Instanz im Schaltplan auswählen, welche den ESD-Impuls erzeugt. Im Feld *Simulation Settings* werden

93

4 Entwicklung einer neuen Verifikationsstrategie zur Analyse integrierter Schaltungen gegenüber ESD-Impulsen

grundlegende Simulationseinstellungen angezeigt. Wichtig dabei ist, dass in der eingestellten Modellbibliothek eine Sektion mit der Bezeichnung *clex* existiert, da dort die erweiterten Simulationsmodelle eingebunden werden. Die Existenz der Sektion *clex* wird beim Aufbau des *ClexAnalysisMenus* geprüft. Falls diese Prüfung negativ ausfallen sollte, wird eine entsprechende Meldung ausgegeben, welche den Nutzer zur Prüfung der Einstellungen auffordert. Um während der Strompfadextraktion auf alle Stromdaten zugreifen zu können, müssen diese während der Simulation gespeichert werden. Diese Tatsache wird mit der Option *Save current = all* sichergestellt. Gleichzeitig muss allerdings der Wert des *Subcircuit probe level* auf den korrekten Wert gesetzt sein. Dieser Wert definiert die Hierarchietiefe, angefangen von der obersten Ebene, bis zu der Stromwerte gespeichert werden sollen. Da, wie bereits erwähnt, für die anschließende Strompfadextraktion Daten über alle Hierarchieebenen hinweg bis hin zu den Ebenen der SPICE-Simulationsmodelle benötigt werden, wird beim Aufbau der grafischen Oberfläche des *ClexAnalysisMenus* automatisch die Hierarchietiefe des Schaltplans bestimmt und noch ein fester, technologieabhängiger Wert addiert. Dieser Wert hängt vom Aufbau der Simulationsbibliothek ab und definiert, auf welcher Hierarchieebene innerhalb der SPICE-Modelle die Elemente zur Detektion von Überlasten instantiiert wurden (siehe Abschnitt 4.2.5). Da in der Version 5.1.41 des Cadence Design Frameworks die *SKILL*-Programmierschnittstelle zur Abfrage des Verzeichnisses, in dem die Simulationsergebnisse gespeichert werden, einen falschen Wert zurück lieferte, wenn der *Host mode* den Wert distributed hatte, wurde der *Host mode* in dieser Version von *CLEX* auf *local* gesetzt. Wenn das Cadence Design Framework in einer Umgebung installiert wurde, in der ein Lastverteilungssystem existierte, entsteht durch diese Einstellung kein Nachteil hinsichtlich der Simulationsdauer. In dem Feld *Options* kann über Radio-Buttons definiert werden, ob die Simulation erneut durchgeführt bzw. vorhandene Simulationsergebnisse geladen werden sollen, Inherited Connections bestimmt bzw. geladen werden oder der kritische Pfad bestimmt bzw. geladen werden soll.

Unterstützung eines hierarchischen Entwurfsablaufs

Um den Anforderungen während des Designs komplexer integrierter Mixed-Signal Schaltkreise gewachsen zu sein, arbeiten mehrere Gruppen von Schaltungsentwicklern parallel an verschiedenen Schaltungsblöcken innerhalb eines Top-Down Entwufsablaufs. Dieser Entwufsablauf beginnt mit der Definition des integrierten Schaltkreises auf Blockschaltbildebene gefolgt von Simulations- und Optimierungsschritten mittels Mixed-Signal-Hardwarebeschreibungssprachen. Von diesen Simulationen mit hohem Abstraktionsgrad werden die Anforderungen an einzelne Schaltungsblöcke verfei-

4.7 Integration in den Entwurfsablauf

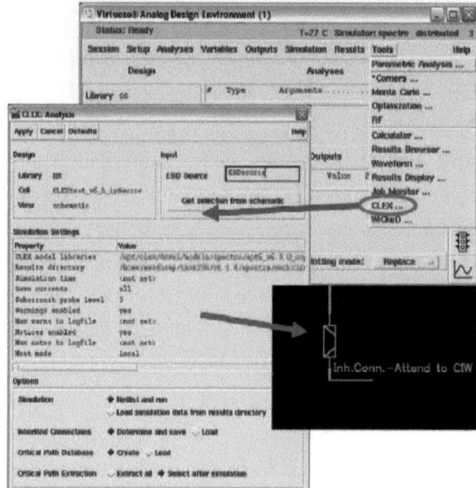

Abb. 4.29: Grafische Benutzerschnittstelle CLEXAnalysisMenu zur Definition der Analyseeinstellungen und grafische Darstellung von Strompfaden

nert. Danach werden die Schaltpläne der verschiedenen Blöcke entworfen, so dass die abgeleiteten Spezifikationen erfüllt werden. Dazu werden wiederum Verifikationsmaßnahmen durchgeführt. Im Anschluss daran wird der integrierte Schaltkreis entflochten und die Einhaltung der anfangs definierten Spezifikationen wiederum durch Schaltungssimulationen überprüft.

Das Cadence® Design Framework II unterstützt einen Top-Down Entwurfsablauf durch die Bereitstellung bestimmter Entwurfswerkzeuge und Datenstrukturen. Eine wichtige Rolle spielt dabei die Steuerung des Prozesses zur Erstellung der Netzliste über switch- und stop-Listen. Die Cadence® Bibliotheksstruktur innerhalb des Design Frameworks orientiert sich am UNIX-Dateisystem. Eine Bibliothek kann sowohl Dateien als auch Verzeichnisse beinhalten. Die Unterverzeichnisse werden als Cells bezeichnet. Cells können wiederum Dateien oder Verzeichnisse beinhalten. Die Unterverzeichnisse einer Cell werden als Views bezeichnet. In Abbildung 4.30 ist die Cadence® Bibliotheksstruktur (links) dem Unix Dateisystem (rechts) gegenübergestellt. Jeder Bibliothek sind dabei verschiedene Cells zugeordnet und jede Cell kann verschiedene Views beinhalten. Cells beschreiben einzelne Blöcke eines integrierten Schaltkreises oder sogar den kompletten integrierten Schaltkreis. In den einzelnen Views einer Cell können verschiedene Beschreibungen der Cell abgelegt werden (z.B. vhdl, verilog, spectre). Durch einfaches Definieren der zu verwendenden Views kann

4 Entwicklung einer neuen Verifikationsstrategie zur Analyse integrierter Schaltungen gegenüber ESD-Impulsen

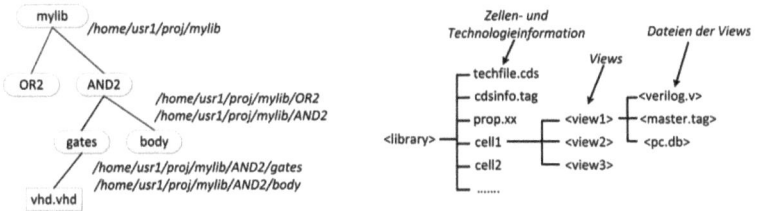

Abb. 4.30: Cadence Bibliotheksstruktur (links) und Abbildung im UNIX Dateisystem (rechts) [Cad08]

somit der Abstraktionsgrad einer Simulation während der unterschiedlichen Phasen im Entwicklungsablauf ausgewählt werden.

Innerhalb des Cadence® Design Frameworks werden die Mixed-Signal-Simulationen durch das Analog Design Environment gesteuert. In diesem Werkzeug werden die oben erwähnten switch- und stop-Listen definiert. In der switch-Liste werden alle View-Namen definiert, die während des Prozesses der Netzlistenerzeugung genutzt werden sollen. Die switch-Liste wird dabei von links aus abgearbeitet. Wenn sich ein View-Name einer Instanz in der switch-Liste befindet, aber nicht in der stop-Liste vorhanden ist, handelt es sich um eine hierarchische Instanz, welche anschließend geöffnet wird. Ist der View-Name einer Instanz in der switch-Liste und in der stop-Liste enthalten, wird diese Instanz in die Netzliste aufgenommen. Dies ist eine effiziente Art und Weise, den Prozess des Netzlisting innerhalb eines hierarchischen Top-Down Entwurfsablaufs zu steuern.

4.7 Integration in den Entwurfsablauf

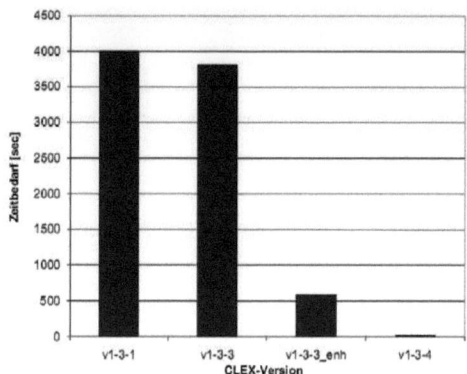

Abb. 4.31: Entwicklung des Rechenzeitbedarfs der Strompfadextraktion in verschiedenen Implementierungsstufen von *CLEX*

Das hier entwickelte Analysewerkzeug *CLEX* ist aufgrund der oben beschriebenen Eigenschaften geeignet, um in einem modernen Top-Down Entwurfsablauf zur Verifikation integrierter Schaltkreise eingesetzt zu werden.

Optimierung der Implementierung der Rechenzeit

Nach der Implementierung funktionsfähiger Software-Prototypen wurde der Quelltext in Bezug auf die benötigte Rechenzeit optimiert. Dazu sind Makros in den Quelltext integriert worden, um bei einem Testlauf den Zeitbedarf zu protokollieren und auszugeben. Die Prozeduren zur Strompfadextraktion wiesen dabei das größte Optimierungspotential auf. Da während der Extraktion von Strompfaden eine Vielzahl von Listenoperationen durchgeführt werden (Erweitern von Listen durch Elemente, Suchen von Elementen in Listen, Erzeugen von verschachtelten Listen), ist an dieser Stelle eine recheneffiziente Implementierung besonders wichtig. Die Ausführung eines Befehls zum Erweitern einer Liste kann dabei, je nachdem, ob das Element am Anfang oder Ende der Liste platziert wird, einen um den Faktor 1000 höheren Rechenzeitbedarf aufweisen. In Abbildung 4.31 ist die Entwicklung des Rechenzeitbedarfs für die Strompfadextraktion einer Testschaltung in verschiedenen Implementierungsstufen von *CLEX* dargestellt. Dabei wurden von Version zu Version konsequent zeitkritische Prozeduren identifiziert und optimiert.

4 Entwicklung einer neuen Verifikationsstrategie zur Analyse integrierter Schaltungen gegenüber ESD-Impulsen

Nachbildung eines automatisierten ESD-Tests

Zusätzlich zur Optimierung des entwickelten Quelltextes wurde die Ansteuerung der Schaltungssimulation mittels Cadence Spectre® hinsichtlich der benötigten Rechenzeit überprüft. Wie in Absatz 3.2 beschrieben, besteht eine SPICE-Simulation aus mehreren Teilschritten. Bei Simulationen komplexer Schaltkreise kann das Generieren der System-Matrix und Vorbereiten der Analyse bis zu 50 Prozent der gesamten Rechenzeit in Anspruch nehmen. Werden mehrere Kombinationen von Anschlusskontakten hinsichtlich ihrer Störfestigkeit beim Auftreten elektrostatischer Entladungen geprüft, ändert sich die System-Matrix nur durch die Definition einer Verbindung und das erneute Vorbereiten der Analyse ist dabei nicht mehr notwendig. Zum Umschalten der ESD-Quelle an die zu testenden Anschlusskontakte kann ein Multiplexer verwendet werden, der wiederum über eine Spannungsquelle angesteuert wird. In Abhängigkeit der Anzahl der zu testenden Anschlusskombinationen kann der Analyseaufwand durch die Nutzung eines Multiplexers gegenüber den Einzelsimulationen beträchtlich reduziert werden.

5 Verifikation des ESD-Schutzkonzeptes eines Smart-Power-Schaltkreises

Moderne Smart-Power-Technologien bieten die Möglichkeit, analoge und digitale Signalverarbeitung sowie Schaltungsteile mit Hochvolt- bzw. Hochstromeigenschaften auf einem Schaltkreis zu integrieren. Durch die Kombination aus einem zum Großteil Full-Custom Entwurfsablauf und Bauelementen unterschiedlicher Spannungsklassen müssen Schaltungsentwickler viel Erfahrung und technologisches Hintergrundwissen besitzen, damit die Gesamtschaltung innerhalb der Spezifikationen arbeitet. Das in dieser Arbeit entwickelte Simulations- und Analysewerkzeug unterstützt den Schaltungsentwickler bereits ab der frühen Entwicklungsphase der Schaltplanerstellung. Dabei kann *CLEX* im Sinne eines Top-Down-Entwicklungsablaufes auf Block-Ebene oder für Simulationen des gesamten integrierten Schaltkreises verwendet werden.

In den folgenden Absätzen wird die Funktionsweise von *CLEX* an Beispielen mit steigender Komplexität demonstriert.

5.1 Analyse der Testschaltung 1

In Abbildung 5.1 sind zwei Logik-Transistoren (M1, M2) in Serie mit einem Hochvolt-Transistor (M0) geschaltet und entsprechen somit dem Fehlerschema, welches in Abbildung 4.2 dargestellt wurde. Der ESD-Impuls wir durch die Instanz I7 durch ein Human-Body-Modell (siehe Abschnitt 2.2.1) nachgebildet. Die ESD-Schutzstruktur (I5) ist dabei so dimensioniert, dass der Transistor M0 bei einem HBM-Impuls nicht geschädigt wird. Die beiden Logik-Transistoren M1 und M2 hingegen sind Bauelemente der Spannungsklasse 5,5 V und somit beim Auftreten eines HBM-Impulses als potentiell gefährdet einzustufen.

Die Simulation und Analyse der Ergebnisse mittels *CLEX* geben die erwarteten Fehlerbilder der Testschaltung wieder. Wie in Abbildung 5.1 zu sehen ist, werden

5 Verifikation des ESD-Schutzkonzeptes eines Smart-Power-Schaltkreises

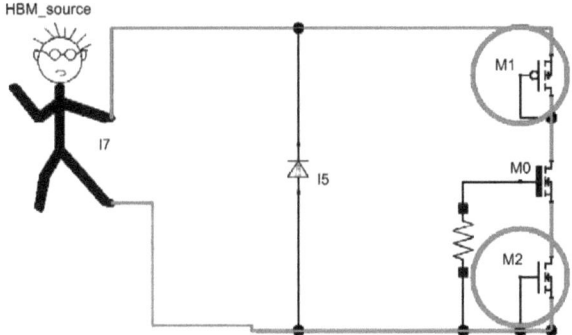

Abb. 5.1: Testschaltung 1 - Bauelemente der Spannungsklasse 5,5V im Hochvolt-Zweig

die Instanzen M1 und M2 durch farbige Kreise als gefährdet markiert. Die sich ergebenden kritischen Strompfade sind ebenfalls farbig markiert und in diesem Fall identisch. Durch die Nutzung einer transienten Analyse wird das dynamische Verhalten der Schaltung sehr gut wiedergegeben. In Abbildung 5.2 ist ein Auszug der Protokolldatei des Schaltungssimulators dargestellt, in dem auch der zeitliche Verlauf der Schädigungen sichtbar wird. Die *CLEX*-spezifischen Textmeldungen, welche eine Überlastung eines Bauelementes anzeigen, beinhalten das Schlüsselwort *CLEX-overstress*. Der Bezeichner vor diesem Schlüsselwort gibt den vollen hierarchischen Instanznamen wieder. Im ersten Fall (M1.clexiwdb) wird angezeigt, dass das *clexiw*-Element *clexiwdb* der Instanz *M1* eine Überlast erfahren hat. Die Instanznamen der *clexiw*-Elemente sind dabei so gewählt worden, dass die letzten beiden Buchstaben das Terminalpaar wiedergeben, an dem die Überlast detektiert wurde. Die Bezeichner der Terminalnamen entsprechen den Namen der Terminals in der Definition der Simulationsmodelle. Das Terminalmapping zwischen den Bezeichnern der Terminals im Symbol des Schaltplans wird dabei vom Cadence Design Framework II übernommen.

In der Simulation der Testschaltung 1 wird als erstes eine Überlastung der Terminalpaare Drain - Bulk und Drain - Source ausgegeben. Da bei dem Transistor M1 und auch bei dem Transistor M2 Bulk und Source kurzgeschlossen sind, werden jeweils die beiden Elemente clexiwdb und clexiwds ausgelöst. Der Zeitpunkt der Überlast wird ebenfalls in der Protokolldatei ausgegeben. Die Schädigung des Transistors M1 tritt bei 1,96 ns auf. Durch die kapazitive Kopplung des Drain-Anschlusses von Instanz M0 zum Gate-Anschluss von M0 wird das Potential des Drain-Anschlusses von Instanz

```
72  ....
73  Warning from spectre at time = 1.96 ns during transient analysis
      'tran '.
74  ... M1.clexiwdb: CLEX-overstress: d-b LV-PMOS. Parameter 'v'
      having value -9.51191 V has exceeded its lower bound '-9.51'.
75  ... M1.clexiwds: CLEX-overstress: d-s LV-PMOS. Parameter 'v'
      having value -9.51191 V has exceeded its lower bound '-9.51'.
76  Warning from spectre at time = 3.29 ns during transient analysis
      'tran '.
77  ... M2.clexiwdb: CLEX-overstress: d-b LV-NMOS. Parameter 'v'
      having value 9.54704 V has exceeded its upper bound '9.51'.
78  ... M2.clexiwds: CLEX-overstress: d-s LV-NMOS. Parameter 'v'
      having value 9.54704 V has exceeded its upper bound '9.51'.
79  ....
```

Abb. 5.2: Auszug der Protokolldatei des Simulators Spectre bei Überlast von MOS-Transitoren M1 und M2 der Testschaltung 1

M1 kurzzeitig auf einen Wert nahe dem Bezugspotential gezogen. Dadurch fällt der Hauptteil der Spannung über der Drain - Source Strecke der Instanz M1 ab, so dass diese überlastet wird und es somit zu einem Stromfluss im Source-Terminal kommt (siehe rote Kurve in Abbildung 5.3 bei ca. 1 ns). Im Anschluss daran wird der Transistor M0 durch den Spannungsabfall über dem Widerstand R8 leitend und es fließt ein Strom vom Drain- zum Source-Anschluss. Dadurch liegt ein hohes Potential am Drain-Anschluss der Instanz M2 an, so dass es bei 3,29 ns (siehe Abbildung 5.2) zu einem Stromfluss durch den Drain-Anschluss des Bauelementes kommt (siehe grüne Kurve in Abbildung 5.3).

5.2 Analyse der Testschaltung 2

Um die in dieser Arbeit entwickelte Verifikationsstrategie unter Nutzung von *CLEX* und den erweiterten Simulationsmodellen zu testen, wurden in [Ale06] weitere Messungen mit Simulationsergebnissen einander gegenübergestellt. Dazu wurden TLP-Messungen durchgeführt, um die Ausfallschwelle zu bestimmen und parallel dazu lokale Erhitzungen mittels Light-Emission Mikroskopie detektiert. Durch die Anfertigung von Schliffen wurden Rückschlüsse auf die Ausfallmechanismen gezogen. Detaillierte Informationen über die Techniken zur Fehlerlokalisierung in Halbleiterschaltkreisen sind in [Wag99] bzw. [PL04] zu finden.

Die in Abbildung 5.4 dargestellte Schaltung eines Stromspiegels ist hinsichtlich der Robustheit gegenüber elektrostatischen Entladungen vergleichbar mit der Beispiel-

5 Verifikation des ESD-Schutzkonzeptes eines Smart-Power-Schaltkreises

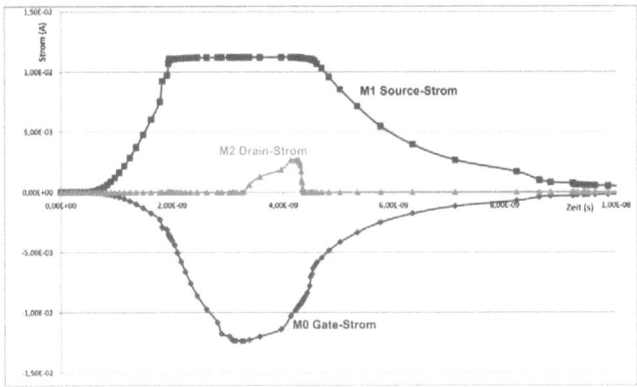

Abb. 5.3: Stromverläufe der Transistoren M0, M1 und M2 der Testschaltung 1

schaltung 1 aus Abbildung 5.1, da sich auch hier Bauelemente einer niedrigeren Spannungsklasse (PMOS und NMOS) in dem gleichen Zweig befinden, in dem auch ein Bauelement höherer Spannungsklasse (DMOS-Transistor, engl. double-diffused metal-oxide semiconductor field effect transistor) integriert wurde. Zur Nachbildung des ESD-Impulses wurde eine Stromrampe von 0,6 A bis drei Ampere mit Anstiegszeiten von 500 ps bis 20 ns verwendet, um die Bedingungen während einer elektrostatischen Entladung von einem Kilovolt, zwei Kilovolt, drei Kilovolt und vier Kilovolt nach HBM-Standard JEDEC22-A114 zwischen I/O1 und I/O2 zu simulieren.

Die Simulationen dieser Schaltung zeigen, dass das dynamische Verhalten während einer elektrostatischen Entladung einen großen Einfluss auf die Ausfallursachen und Schädigungsmechanismen hat. Durch die parasitären Kapazitäten zwischen den Anschlüssen Drain-Substrat und Drain-Gate des DMOS-Transistors werden die Gate-Anschlüsse der PMOS-Transistoren am Anfang der Aufladungsphase der Kapazitäten auf das Bezugspotential gezogen. Durch die hohen Potentialdifferenzen zwischen Source- und Gate-Anschluss werden beide PMOS-Transistoren in der Simulation als defekt markiert. Dieser Defekt ist allerdings abhängig von der Größe des DMOS-Transistors, da die Schädigungen der PMOS-Transistoren erst auftreten, wenn die Größe des DMOS-Transistors von 1x1 Zelle auf 10x10 Zellen erhöht wird. Dieses Verhalten ist in Tabelle 5.1 dargestellt. In der Spalte *CLEX Ergebnisse (tp2)* sind die defekten Bauelemente für verschiedene ESD-Belastungen und für die beiden Dimensionierungsvarianten des DMOS-Transistors dargestellt. Ein N symbolisiert die Schädigung der NMOS-Transistoren und ein P stellt die Schädigung der PMOS-Transistoren des Stromspiegels dar. Die kapazitive Kopplung des DMOS-

5.2 Analyse der Testschaltung 2

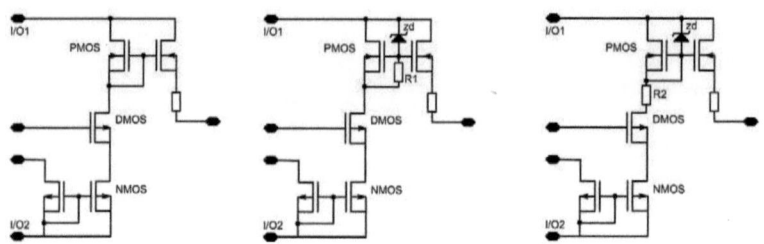

Abb. 5.4: Testschaltung 2 - Stromspiegel [Ale06]

Transistors erreicht erst bei einer Dimensionierung von 10x10 Zellen einen kritischen Wert, so dass die PMOS-Transistoren geschädigt werden. Die Ausfälle der PMOS-Transistoren können durch das Einfügen der Zener-Diode zd zwischen Source- und Gate-Anschluss der PMOS-Transistoren verhindert werden (siehe Abbildung 5.4, mittlere Schaltungsvariante). Zusätzlich muss der Widerstand $R1$ eingefügt werden, damit im Fall des Überschreitens der Schwellspannung der Zener-Diode der Strom in Richtung Bezugspotential abgeleitet werden kann.

Wenn, ähnlich dem Verhalten der Testschaltung 1, der DMOS-Transistor durch die kapazitive Kopplung von Drain- zum Gate-Anschluss aufgesteuert wird, tritt eine Überlastung des NMOS-Transistors auf, welcher direkt mit dem DMOS-Transistor verbunden ist. Um diesen Ausfall zu vermeiden, wird der Widerstand R1 nicht zwischen den Gate- und Drain-Anschluss des PMOS-Transistors geschaltet, sondern zwischen den Drain-Anschluss des PMOS-Transistors und dem Drain-Anschluss des DMOS-Transistors eingefügt. Somit wird die definierte Ableitung des Stromes der Z-Diode zd weiterhin gewährleistet und zusätzlich wird ein Spannungsabfall erzeugt, der im Fall des angeschalteten DMOS-Transistors die Spannung über dem gefährdeten NMOS-Transistor begrenzt (siehe 5.4, rechte Schaltungsvariante).

Die im Experiment beobachteten Ausfälle sind in der Spalte Messergebnisse der Tabelle 5.1 dargestellt. Dazu wurden TLP-Messungen durchgeführt und anhand von Messungen der Leckströme die Ausfallschwellen detektiert. Die Positionen von lokalen Wärmequellen wurden durch Light-Emission Mikroskopie bestimmt und somit Rückschlüsse auf die defekten Bauelemente gezogen. Zusammenfassend kann man sagen, dass alle Ausfälle durch Simulationen mit *CLEX* vorhergesagt werden konnten. Die zusätzlich als defekt markierten Bauelemente (NMOS-Transistoren bei ein und zwei Kilovolt mit e2v1_1_1 und bei ein, zwei und drei Kilovolt mit e2v1_10_10) sind im Sinne einer Analyse des ungünstigsten Falles während der Simulation auch als gefährdet markiert worden, da diese ebenfalls einer hohen Belastung ausgesetzt

5 Verifikation des ESD-Schutzkonzeptes eines Smart-Power-Schaltkreises

Bauelement	Messergebnisse				CLEX Ergebnisse (tp2)			
	1kV	2kV	3kV	4kV	1kV	2kV	3kV	4kV
e2v1_1_1	–	–	N	N	N	N	N	N
e2v1_10_10	P	P	P	N, P	N, P	N, P	N, P	N, P

Tab. 5.1: Defekte Bauelemente des Stromspiegels (5.4) nach einer elektrostatischen Entladung bei unterschiedlichen Belastungen und Schaltungsauslegungen [Ale06]

wurden. In einem solchen Fall kann der Schaltungsentwickler oder ESD-Experte durch den manuellen Review der Simulationsdaten entscheiden, ob die Belastung als unkritisch zu bewerten ist.

5.3 Analyse der Testschaltung 3

Nach dem Vergleich von Mess- und Simulationsergebnissen kleinerer Teilschaltungen wurde *CLEX* an Vorserienmustern kompletter integrierter Schaltkreise angewendet. Die Testschaltung 3 ist ein Schaltkreis geringer Komplexität, bei dem während TLP-Messungen am Pad mit der Bezeichnung RO gegen Masse eine Bauelementschädigung festgestellt werden konnte. Mittels Light-Emission Mikroskopie wurde der betroffene Bereich lokalisiert und somit konnte mit Hilfe des Layouts die defekte Instanz identifiziert werden (siehe Hot-Spot Abbildung 5.6).

Simulationen mittels *CLEX* in Verbindung eines HBM-Pulses ergaben eine Überlastung eines NMOS-Transistors (Instanz M12 in Abbildung 5.5) der Spannungsklasse 5,5 V zwischen Drain- und Source-Anschluss. Zwischen diesen beiden Anschlüssen besteht laut Simulationsergebnissen eine Potentialdifferenz von ca. 7,5 V, was für dieses Bauelement eine Überlastung darstellt. In Schliffbildern wurde bei diesem NMOS-Transistor mittels Scanning-Electron Mikroskopie aufgeschmolzenes Silizium nachgewiesen. Die Position des Hot-Spots stimmt dabei mit dem in der *CLEX*-Simulation als defekt markierten NMOS-Transistors überein.

Die Analyse der Simulationsergebnisse ergab, dass die an der ESD-Schutzdiode (Instanz I12) am Eingang RO entstehenden Überspannungen durch den Serienwiderstand von 60 Ohm nicht ausreichend abgeschwächt werden, um den NMOS-Transistor M12 zu schützen. Dadurch wurde der Impuls teilweise über den Niedervolt-Transistor abgeleitet und führte dort zum Aufschmelzen von Silizium zwischen Drain- und Source-Anschluss. Der dabei entstehende Strompfad ist in Abbildung 5.5 dargestellt (orange Markierung). Der gefährdete NMOS-Transistor M12 ist durch *CLEX* mit

5.3 Analyse der Testschaltung 3

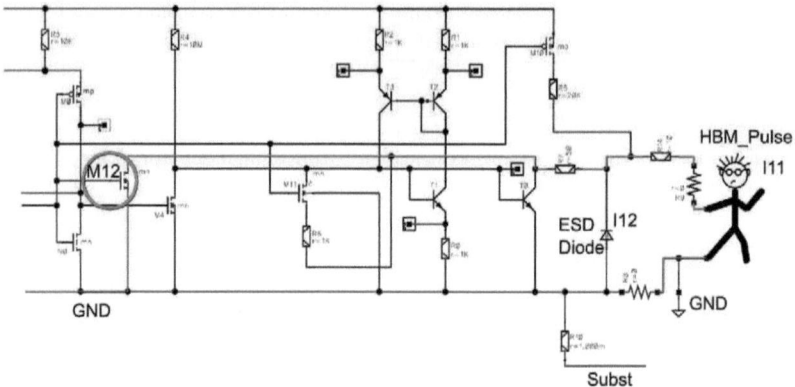

Abb. 5.5: Strompfad durch den gefährdete NMOS-Transistor M12

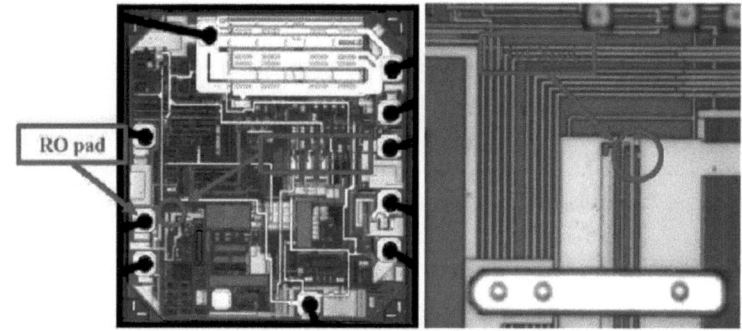

Abb. 5.6: Layout der Testschaltung 3 (links) und Darstellung des Hotspots (rechts) [Ale06]

einem orangen Kreis markiert worden. Zur Lösung des Problems wurde eine Zener-Diode als sekundäres ESD-Schutzelement zur Spannungsbegrenzung parallel zu dem NMOS-Transistor geschaltet und ein weiterer Serienwiderstand zur Strombegrenzung hinzugefügt.

In Abbildung 5.7 sind die sich ergebenden Pulsformen des Stromes bei der Belastung der Testschaltung 3 mit einem Human-Body-Model- und mit einem Machine-Model-Puls dargestellt. Diese entsprechen im Wesentlichen den typischen Verläufen der in den Abschnitten 2.2.1 und 2.2.2 beschriebenen Beslastungsmodellen. Die 2 kV HBM-Belastung hat einen Stromimpuls mit einer Anstiegszeit von 9 ns und einem Maximalstrom von 1,2 A zur Folge. Die Anstiegszeit der 200 V Machine-Model-Belastung weist eine minimal längere Dauer von 11 ns auf. Der Maximalstrom von

5 Verifikation des ESD-Schutzkonzeptes eines Smart-Power-Schaltkreises

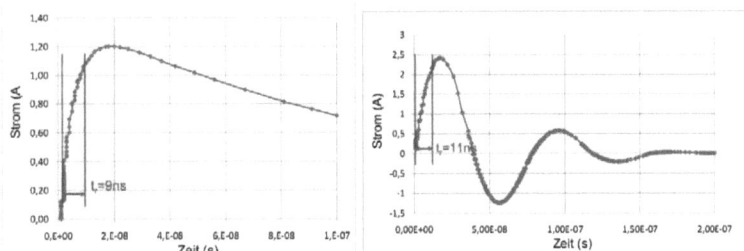

Abb. 5.7: Stromverläufe bei Belastung durch einen Impuls nach dem HBM-Model (links) und dem MM-Model (rechts)

	HBM-Simulation	MM-Simulation
Simulationsdauer	1us	1us
Zeitbedarf für initiale DC-Analyse	1,43s	1,47s
Zeitbedarf für die transiente Analyse	940ms	192,56s
Anzahl der transienten Simulationsschritte	274	68947
Gesamter Zeitbedarf	2,37s	194,03s

Tab. 5.2: Vergleich des Zeitbedarfs der Simulationen nach dem Human-Body-Model und dem Machine-Model der Testschaltung 3

2,4 A ist dabei deutlich höher als bei der Belastung der Schaltung durch einen HBM-Impuls.

Auch bei der Schaltungssimulation mit dem MM-Puls wird die Drain-Source-Strecke des Transistors M12 als gefährdet markiert. Allerdings benötigt die Simulation nach dem Machine-Model wesentlich mehr Zeit (siehe Tabelle 5.2). Die transiente Analyse erstreckte sich bei beiden Simulationen über einen Zeitraum von einer Mikrosekunde. Der Zeitbedarf der initialen Gleichstromanalyse zu Beginn der transienten Simulation war in beiden Fällen mit ca. 1,4 s nahezu identisch. Allerdings ist der Zeitbedarf für die eigentliche transiente Analyse bei der MM-Simulation um den Faktor 200 höher als bei dem HBM-Fall. Dieses Verhalten ist auf die deutlich größeren Anstiege von Strom und Spannung beim MM-Puls als auch auf die oszillierende Anregung des MM-Pulses zurückzuführen. Dadurch wird die Schrittweite bei der Machine-Model-Simulation für einen Großteil der Analyse auf 100 fs bis 150 fs reduziert, wohingegen die durchschnittliche Schrittweite bei der Simulation nach dem Human-Body-Model bei ca. 40 ns liegt.

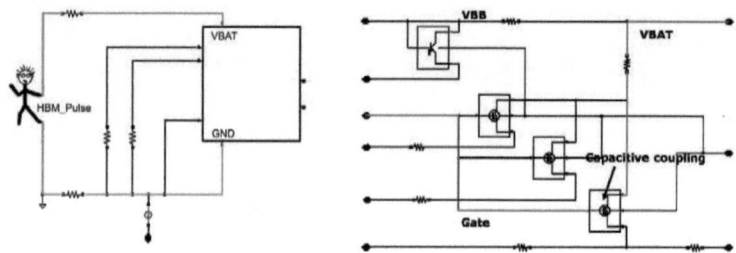

Abb. 5.8: Top-Level der Teilschaltung der Testschaltung 4 mit ESD-Quelle an VBAT-GND (links), Kapazitive Kopplung des ESD-Impulses im Block der Leistungshalbleiter (rechts)

5.4 Analyse der Testschaltung 4

Die Komplexität der Testobjekte wurde mit der Testschaltung 4 nochmals gesteigert. Das Vorserienmuster der Testschaltung 4 ist ein System-In-Package (kurz SIP), bestehend aus einem integrierten Schaltkreis, welcher Leistungshalbleiter enthält und einem zweiten integrierten Schaltkreis, welcher analoge und digitale Ansteuer- und Auswerteschaltung beinhaltet. Das Gesamtsystem besteht aus ca. 3000 Bauelementen und stellt somit eine Schaltung mittlerer Komplexität für integrierte Schaltungen in Smart-Power-Technologien dar. Der Impuls wird durch ein Human-Body-Belastungsmodell der Spannungsklasse drei Kilovolt an den Pins VBAT gegen GND nachgebildet (siehe Abbildung 5.8, links). In Abbildung 5.8 (rechts) ist die kapazitive Kopplung des Ausbreitungspfades über die Gate-Drain Kapazität eines Leistungstransistors durch die orange Markierung der Netze dargestellt. Eine Überlastung von Bauelementen in diesem Teil des System-In-Package wurde in der Simulation und im Experiment nicht beobachtet. Über eine Chip-to-Chip-Drahtbondverbindung breitet sich der Strompfad über das Netz *Gate* in den Schaltkreis aus, welcher die Ansteuer- und Auswerteschaltung enthält. Innerhalb der Auswerteschaltung wurde der Ausfall der Instanz D9 detektiert (siehe Abbildung 5.9, orangefarbener Kreis). Bei der Instanz handelt es sich um eine in Sperrrichtung geschaltete Diode, welche eine Snapback-Charakteristik enthält.

Der kritische Strompfad verläuft vom Pin *GATE* über einen Widerstand, den pn-Übergang eines bipolar-Transistors und der Kollektor-Emitter-Strecke des bipolar-Transistors *T0* bis hin zur Kathode der Diode *D9*. Das Potential des Netzes *net32* zur Simulationszeit 18 ns liegt auf 35 V, wohingegen das Potential des Netzes *PG-CLAMP_OFF2* zum gleichen Zeitpunkt 33 V beträgt. Durch diese Potentialdifferenz

5 Verifikation des ESD-Schutzkonzeptes eines Smart-Power-Schaltkreises

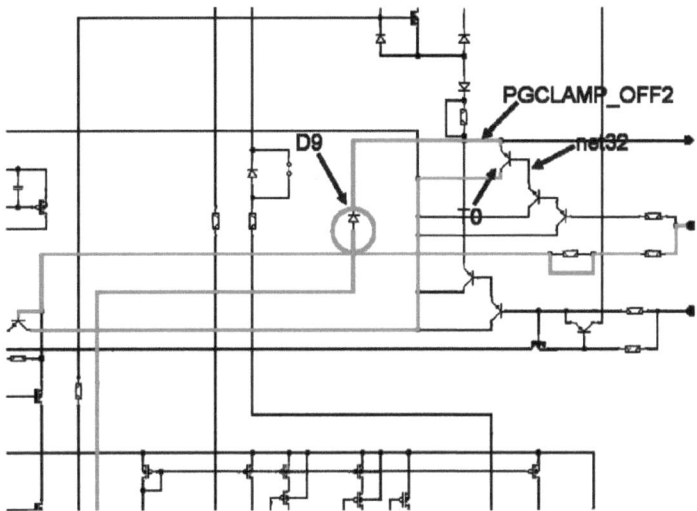

Abb. 5.9: Überlastung einer Diode mit Snapback-Verhalten

befindet sich der bipolar-Transistor *T0* im offenen Zustand, so dass sich der Strompfad über die Kollektor-Emitter-Strecke von *T0* bis hin zur Diode *D9* ausbreiten kann.

Die Potentialdifferenz, welche zur Aktivierung von T0 führt, entsteht durch die Kopplung vom Netz *GATE* auf das Netz *PGCLAMP_OFF2* in einem anderen hierarchischen Block. Dieser Hierarchieblock kann während des Entwicklungsablaufes von einer anderen Entwicklungsgruppe implementiert worden sein, so dass der Entwickler des Schaltungsblockes aus Abbildung 5.9 die kapazitive Kopplung der beiden betroffenen Netze nicht berücksichtigen konnte. Der Ausbreitungspfad erstreckt sich insgesamt über 16 Hierarchieebenen und ist bei der Komplexität der Schaltung manuell nur mit sehr großem Aufwand zu extrahieren.

Der Ausfall der Diode D9 konnte durch TLP-Messungen in Kombination mit Light-Emission Mikroskopie im Experiment nachgewiesen werden. Die Ergebnisse dieser Untersuchungen wurden in [May] zusammengefasst. In Abbildung 5.10 sind die Messergebnisse von Strom über der Spannung (schwarze Kurve / Raute) der Anschlusskontakte VBAT-GND sowie der Leckstrom (rote Markierungen / Kreis) abgebildet. Bei einer TLP-Spannung von ca. 62 V und einem TLP-Strom von 1,4 A ist ein deutlich erhöhter Leckstrom zu beobachten. Dies deutet auf eine Schädigung hin. Die Simulation mittels der erweiterten Simulationsmodelle unter Nutzung von *CLEX* ergab einen Stromfluss von 1,6 A im Anschlusskontakt VBAT. Die Differenz von 0,2

5.5 Anwendbarkeit der entwickelten ESD-Verifikationsmethodik

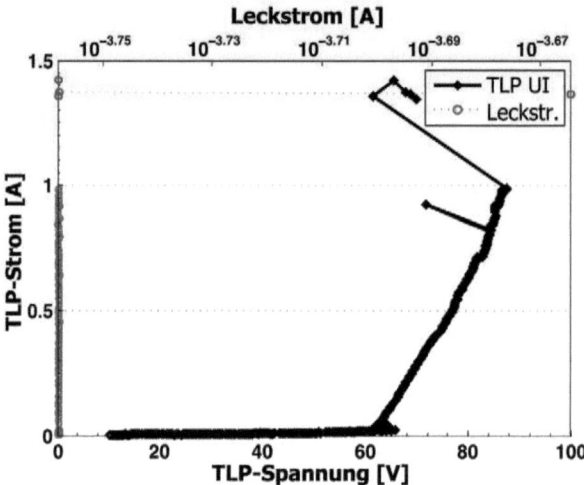

Abb. 5.10: Transmission Line Pulsing-Messergebnisse der Testschaltung 4 an den Anschlusskontakten VBAT-GND

A gegenüber der TLP-Messung entspricht einer Abweichung von 14,3 Prozent.

Als Schutzmaßnahme wurde eine Diode höherer Spannungsklasse verwendet, welche außerdem keine Snapback-Charakteristik aufweist. In einem realen Entwicklungsszenario, bei dem *CLEX*-Simulationen bereits fest in den Entwurfsablauf integriert sind, würde das oben beschriebene Problem bereits in der Phase der Schaltplanerstellung identifiziert und gelöst werden können. Die Erstellung eines verbesserten Entwurfs nach einem negativen ESD-Test der fabrizierten Schaltkreise und aufwendiger Fehlersuche würde dadurch entfallen und den Entwicklungsablauf um mehrere Tage bis Wochen beschleunigen.

5.5 Anwendbarkeit der entwickelten ESD-Verifikationsmethodik

Im derzeitigen Entwicklungsstand des Simulations- und Analysewerkzeuges *CLEX* werden die beim Auftreten von elektrostatischen Entladungen geschädigten Bauelemente als defekt markiert, die zugehörigen Strompfade extrahiert und grafisch dargestellt. Damit ist es möglich, die im Kapitel 4 dargestellten Fehlermodi zu detektieren und Fehlerquellen aufzuzeigen. Dabei werden transiente Schaltvorgänge und

5 Verifikation des ESD-Schutzkonzeptes eines Smart-Power-Schaltkreises

Kopplungen bis auf die Ebene der grundlegenden Bauelemente berücksichtigt. Dazu muss der Schaltplan des Schaltkreises vorhanden und eine transiente Schaltungssimulation möglich sein. Die verwendeten Simulationsmodelle müssen das Verhalten der Bauelemente im Hochstrombereich näherungsweise wiedergeben. Die hier entwickelte ESD-Verifikationsmethodik ist somit auf eine Vielzahl analoger und Mixed-Signal Schaltungen anwendbar. Die Komplexität der zu untersuchenden Schaltung wird momentan durch den Schaltungssimulator begrenzt. Moderne Simulatoren sind in der Lage, Schaltungen einer Komplexität bis zu 50000 Bauelemente zu analysieren [APS10].

Durch die Nutzung einer transienten Analyse erweitert sich Nutzbarkeit der entwickelten Verifikationsmethodik. Im Gegensatz zu statischen Verifikationsansätzen, wie z.B. [BI00] und [Str03], sind dadurch auch Simulationen und Analysen von integrierten Schaltkreisen in verschiedenen Betriebszuständen (z.B. mit Versorgungsspannung) und mit verschiedenen Pulsformen möglich. Auch Störfestigkeitsanalysen von Pulsfolgen, wie z.B. nach [ISO07], sind möglich, wenn die numerische Stabilität der Simulation gegeben und die Simulationsdauer akzeptabel ist.

Die Integration von *CLEX* innerhalb des Cadence Design Frameworks II bedingt die Nutzung von Cadence-spezifischen Werkzeugen, wie z.B. den Schaltungssimulator Cadence Spectre oder die Simulationsumgebung Virtuoso Analog Design Environment. Die ESD-Verifikationsmethodik an sich lässt sich allerdings auf Werkzeuge anderer Hersteller portieren.

6 Ausblick

Der Trend zu immer geringeren Strukturbreiten bei zukünftigen integrierten Schaltungen ist weiterhin ungebrochen. Die dadurch steigende Integrationsdichte ermöglicht die Realisierung von Schaltungen höherer Leistungsfähigkeit und Energieeffizienz. Da sich die Umgebungsbedingungen der integrierten Schaltkreise nicht verändern, bleiben die Anforderungen an zukünftige integrierte Schaltkreise hinsichtlich der Störfestigkeit gegenüber elektrostatischen Entladungen konstant. Zusätzlich wird der Verifikationsaufwand durch die steigende Komplexität und Skalierungseffekte erhöht.

Durch die Nutzung von *CLEX* wurde der Automatisierungsgrad der Verifikation integrierter Schaltungen bezüglich elektrostatischer Entladungen stark erhöht und somit der gesamte Entwicklungsablauf beschleunigt und zuverlässiger. Um die Konvergenz der Simulation von großen Schaltungen zu gewährleisten, ist die Entwicklung spezieller Simulationsmodelle für die ESD-Verifikation denkbar. Für besonders sensitive Bauelemente ist die Modellierung elektrothermischer Effekte oder Snapback-Charakteristik zu untersuchen. Dabei muss allerdings immer ein Kompromiss zwischen Simulationsdauer bzw. Konvergenz und Genauigkeit der Modellierung gefunden werden. Da in zukünftigen Smart-Power-Technologien große digitale Blöcke integriert werden, sind Schaltungssimulationen einer solchen Komplexität nur mit Makromodellen auf hohen Abstraktionsebenen handhabbar. Durch die Integration parasitärer Elemente in die Simulation kann der Einfluss des Schaltungslayouts auf die Ausbreitung von elektrostatischen Entladungen besser abgebildet werden. Dazu sind Extraktionsstrategien zu entwickeln, welche die technologieabhängigen Regeln für diesen Vorgang definieren.

Durch die steigende Verbreitung der OpenAccess-Datenbank als Grundbaustein von Entwurfswerkzeugen wird auch die zugehörige Programmierschnittstelle an Bedeutung für die Integration von anwendungsspezifischen EDA-Werkzeugen gewinnen. Dadurch wird es möglich, Teilaufgaben, wie z.B. die Extraktion der Konnektivität des Schaltplans oder die Steuerung des Simulators, effizienter zu gestalten und den Bedarf der Rechenzeit zu reduzieren.

Symbolverzeichnis

API Application Programming Interface

BCD Bipolar-, CMOS-, DMOS-Technologie

CDF Component Description Format

CMOS Complementary Metal Oxide Semiconductor

CAD Computer Aided Design

DMOS double-diffused metal-oxide semiconductor field effect transistor

EDA Electronic Design Automation

EOS Electrical Overstress

ESD Electro-Static Discharge

FEM Finite Elemente Methode

gcNMOS Gate-coupled NMOS

GUI Graphical user interface

HDL engl. Hardware Description Language, dt. Hardwarebeschreibungssprache

IC Integrated Circuit

IPC Inter-Process-Communication

SIP System-In-Package

SPT Smart-Power Technologie

SOA Safe operating area

SPICE Simulation Program with Integrated Circuit Emphasis

UML Unified Modelling Language

Literaturverzeichnis

[AD02] AMERASEKERA, A. ; DUVVURY, C.: *ESD in Silicon Integrated Circuits.* J. Wiley & Sons, 2002 (ISBN: 0-471-49871-8)

[Ale06] ALEVTINA, P.: *Evaluierung des Software Tools CLEX zu ESD Simulation auf Schaltungsebene*, Süd-Russische Staatliche Technische Universität Nowotscherkassk, Diplomarbeit, 2006

[APS10] *Virtuoso Accelerated Parallel Simulator User Guide.* Cadence Design Systems, Inc., 2010

[ARBK91] AMERASEKERA, A. ; ROOZENDAAL, L. van ; BRUINES, J. ; KUPER, F.: Characterization and modeling of second breakdown in NMOST's for the extraction of ESD-related process and design parameters. In: *IEEE Transactions Electron Device* (1991), S. 2161–2168

[Att99] ATTIA, J. O.: *Electronics and Circuit Analysis using Matlab.* CRC Press, 1999 (ISBN: 0-8493-1176-4)

[Ber09] BERNDT, H.: ESD - Anforderungen und Fehlermodelle an elektronische Bauelemente und Baugruppen aus der Automobilindustrie. In: *EMV in der Kfz-Technik* (2009)

[BG97] BAUMGÄRTNER, H. ; GÄRTNER, R.: *ESD-Elektrostatische Entladungen.* Oldenbourg Verlag, 1997 (ISBN: 3-486-23803-5)

[BI00] BRAID, M. ; IDA, R.: VerifyESD: A Tool for Efficient Circuit Level ESD Simulation of Mixed-Signal ICs. In: *EOS/ESD Symposium*, 2000

[BKF08] BERGMANN, L. ; KONRAD, A. ; FRANK: ESD-Design-Checker. In: *DASS - Dresdner Arbeitstagung Schaltungs- und Systementwurf*, 2008

[BR00] BURNS, M. ; ROBERTS, G.: *An Introduction To Mixed-Signal IC Test and Measurement.* Oxford University Press, 2000 (ISBN: 0-19-514016-8)

[Bro97] BRODBECK, T.: Korrelation der ESD-Festigkeit von Halbleiterbausteinen mit Feldausfällen. In: *ESD Forum*, 1997, S. 194–202

Literaturverzeichnis

[Cad08] *Cadence Application Infrastructure User Guide 6.01.* Cadence Design Systems, Inc., 2008

[CGFS10] CAO, Y. ; GLASER, U. ; FREI, S. ; STECHER, M.: A Failure Levels Study of Non-Snapback ESD Devices for Automotive Applications. In: *IEEE International Reliability Physics Symposium*, 2010, S. 458–465

[Che00] CHEN, W.-K.: *The VLSI Handbook.* CRC Press, 2000 (ISBN: 0-8493-8593-8)

[Dab98] DABRAL, S.: *Basic ESD and IO Design.* John Wiley and Sons, 1998 (ISBN: 978-0-471-25359-4)

[Dem03] DEML, C.: *Analyse und Modellierung des DMOS-Transistors*, Universität der Bundeswehr München, Diss., 2003

[DIN01] Norm DIN EN 61340-5-1: Schutz von elektronischen Bauelementen gegen elektrostatische Phänomene - Allgemeine Anforderungen. (2001)

[Drü07] DRÜEN, S.: *Virtual ESD Test - An ESD Analysis Methodology at Chip Level*, Technische Universität München, Diss., 2007

[DSZG04] DRÜEN, S. ; STREIBL, M. ; ZÄNGL, F. ; GLASER, U.: Chip-Level ESD Simulation for Fail Detection and Design Guidance. In: *42th Annual International Reliability Physics Symposium*, 2004

[EMI91] EUZENT, B. L. ; MALONEY, T. J. ; II, J. C. D.: Reducing Failure Rate with Improved EOS/ESD Design. In: *EOS/ESD Symposium*, 1991, S. 59–64

[GD88] GREEN, T. J. ; DENSON, W. K.: A Review of EOS/ESD Field Failures in Military Equipment. In: *EOS/ESD Symposium*, 1988, S. 7–14

[Gen98] GENTLE, James E.: *Numerical Linear Algebra for Applications in Statistics.* Springer, 1998 (ISBN: 0387985425)

[GHLM01] GRAY, P. R. ; HURST, P. J. ; LEWIS, S. H. ; MEYER, R. G.: *Analysis and Design of analog integrated Circuits.* John Wiley & Sons, 2001

[GLB+02] GAO, X.F. ; LIOU, J.J. ; BERNIER, J. ; CROFT, G. ; ORTIZ-CONDE, A.: Implementation of a Comprehensive and Robust MOSFET Model in Cadence SPICE for ESD Applications. In: *IEEE Transactions on Computer-Aided Design of Integrated Circuits and Systems* 21 (2002), S. 1497–1502

[GR02] GASTON, J. ; RAAHEMIFAR, K.: Unified simulation: a new approach to computer aided circuitanalysis. In: *Canadian Conference on Electrical and Computer Engineering*, 2002

[Gro04] GROOS, G.: *Verfahren zur Ermittlung relevanter Schaltungsteile in einer Schaltung bei einer Belastung mit einem zeitlich veränderlichen Signal.* 2004

[Gro05] GROOS, G.: An Integrated Design Methodology for Enhanced Device Robustness D33-FR-V2-050211 / INFORMATION SOCIETY TECHNOLOGIES. 2005. – Forschungsbericht

[IEE09] IEEE: Norm P1800 Draft Standard for SystemVerilog - Unified Hardware Design, Specification, and Verification Language. (2009)

[ISO07] Norm ISO 7637 – Electrical disturbances from conduction and coupling. (2007)

[ITR07] ITRS: International Technology Roadmap for Semiconductors - Executive Summary / ITRS. 2007. – Forschungsbericht

[KG06] KORTE, S. ; GARBE, H.: Störwirkungsanalyse transienter elektromagnetischer Feldimpulse auf integrierte Schaltungen. In: *Proceedings of the COMSOL User Conference* (2006), S. 26–31

[Kie98] KIELKOWSKI, Ron M.: *Inside SPICE.* McGraw-Hill Inc., 1998 (ISBN: 978-0079137128)

[Klu04] KLUPSCH, S.: *Entwurfsmethodik heterogener Systeme*, Technische Universitaet Darmstadt, Diss., 2004

[Kun95] KUNDERT, K. S.: *The Designer's Guide to Spice & Spectre.* Kluwer Academic Publishers, 1995 (ISBN: 0792395719)

[KZ04] KUNDERT, K. S. ; ZINKE, O.: *The Designer's Guide to Verilog-AMS.* Kluwer Academic Publishers, 2004 (ISBN: 1-4020-8044-1)

[LJBR06] LI, J. ; JOSHI, S. ; BARNES, R. ; ROSENBAUM, E.: Compact Modeling of On-Chip ESD Protection Devices Using Verilog-A. In: *IEEE Transactions on Computer-Aided Design of Integrated Circuits and Systems* 25 (2006), S. 1047–1062

[LKK02] LEE, J. ; KIM, K.W. ; KANG, S.M.S.: VeriCDF: A new Verification Methodology for Charged Device Failures. In: *39th Design Automation Conference*, 2002

[LLL+08] LIU, C-H. ; LIU, H-Y. ; LIN, C-W. ; S-J.CHOU ; CHANG, Y-W. ; KUO, S-Y. ; YUAN, S-Y ; CHEN, Y-W.: An Efficient Graph-Based Algorithm for

Literaturverzeichnis

ESD Current Path Analysis. In: *IEEE Transactions on Computer-Aided Design of Integrated Circuits and Systems* 27 (2008)

[LSY05] LIU, Y. ; SADAT, A. ; YUAN, J. S.: Gate Oxide Breakdown on nMOSFET Cutoff Frequency and Breakdown Resistance. In: *IEEE Transactions on Device and Materials Reliability* 5 (2005), S. 282–288

[LZ97] LITOVSKI, V. ; ZWOLINSKI, M.: *VLSI Circuit Simulation and Optimization*. Chapman & Hall, 1997 (ISBN: 978-0412638602)

[Mal01] MALOBERTI, F.: *Analog Design for CMOS VLSI Systems*. Kluwer Academic Publishers, 2001 (ISBN: 978-0792375500)

[May] MAYERHOFER, M.: *Interner Bericht der Infineon Technologies AG - Analyse der Ausfallursache der Testschaltung 4.* – 2008

[McA88] MCATEER, O.: ESD: A Decade of Progress. In: *EOS/ESD Symposium*, 1988, S. 1–6

[MGK+05] MORGENSTERN, H. ; GROOS, G. ; KÖHNE, H. ; JOHN, W. ; STECHER, M. ; REICHL, H.: Chip-Level Verification of complex Mixed-Signal ICs Regarding ESD-Stress. In: *EMC-COMPO*, 2005

[MGS+05] MORGENSTERN, H. ; GROOS, G. ; SCHMIDT, M. ; KÖHNE, H. ; JOHN, W. ; STECHER, M. ; REICHL, H.: Algorithmus zur automatischen Verifikation komplexer Mixed-Signal ICs gegenüber ESD-Belastungen. In: *Entwicklung von Analogschaltungen mit CAE-Methoden mit dem Schwerpunkt Analogschaltungen unter dem Einfluss von Feldeffekten*, 2005

[MI93] MERRILL, R. ; ISSAQ, E.: ESD Design Methodology. In: *EOS/ESD Symposium*, 1993, S. 233–237

[MK85] MALONEY, T. ; KHURANA, N.: Transimission Line Pulsing Techniques for Circuit Modeling of ESD Phenomena. In: *8th EOS/ESD Symposium*, 1985, S. 49–54

[MK05] MORNEAU, M. ; KHOUAS, A.: Analysis of DC solution convergence of nonlinear analog circuits with initial solution. In: *Conference on Electrical and Computer Engineering*, 2005, S. 726–730

[MWM+99] MERGENS, M. ; WILKENING, W. ; METTLER, S. ; WOLF, H. ; FICHTNER, W.: Modular Approach of a High Current MOS Compact Model for Circuit-Level ESD Simulation Including Transient Gate Coupling Behavior. In: *37th Annual International Reliability Phyiscs Symposium*, 1999

Literaturverzeichnis

[PC01] PANTISANO, L. ; CHEUNG, K.P.: Stress-Induced Leakage Current (SILC) and Oxide Breakdown. In: *Device and Materials Reliability* Bd. 1, 2001

[PL04] PABBISETTY, S. V. ; LEE, T. W.: *Microelectronic Failure Analysis.* ASM International, 2004 (ISBN: 978-0871704795)

[QSJ06] QIYUAN, H. ; SHANGHE, L. ; JINGPING, C.: Study on frequency spectrum of Air Electrostatic Discharge. In: *Asia-Pacific Conference on Environmental Electromagnetics*, 2006, S. 43–48

[RP00] RASHINKAR, P. ; PATERSON, P.: *System-on-a-chip Verification.* Kluwer Academic Publishers, 2000 (ISBN: 978-0792372790)

[Rus99] RUSS, C.: *ESD Protection Device for CMOS Technologies: Processing Impact, Modeling and Testing Issues*, Technische Universitaet Muenchen, Diss., 1999

[SB07] SICARD, E. ; BENDHIA, S. D.: *Basics of CMOS Cell Design.* McGraw-Hill Inc., 2007 (ISBN: 978-0071488396)

[Sch01] SCHEFFLER, Michael: *Cost vs. Quality Trade-off for High-Density Packaging of Electronic Systems*, ETH Zürich, Diss., 2001

[Sha93] SHANG, Z. Q.: The convergence problem in SPICE. In: *Colloquium on SPICE: Surviving Problems in Circuit Eveluation*, 1993

[She02] SHERWANI, N.: *Algorithms for VLSI Physical Design Automation.* Kluwer Academic Publishers, 2002 (ISBN: 0-7923-8393-1)

[Shu95] SHUMWAY, S.: Keynote address at the EOS/ESD Symposium. In: *EOS/ESD Symposium*, 1995

[SLM06] SCHEFFLER, L. ; LAVAGNO, L. ; MARTIN, G.: *EDA for IC Implementation, Circuit Design, and Process Technology.* CRC Press, 2006 (ISBN: 9780849379246)

[SSFH00] SIEVER, E. ; SPAINHOUR, S. ; FIGGINS, S. ; HEKMAN, J. P.: *Linux in a Nutshell.* Third Edt. O'REILLY, 2000 (ISBN: 978-3897211957)

[SSS08] SEMENOV, O. ; SARBISHAEI, H. ; SACHDEV, M.: *ESD Protection Device and Circuit Design for Advanced CMOS Technologies.* Springer Science + Business Media B.V., 2008 (ISBN: 978-1-4020-8300-6)

[Str03] STREIBL, M.: High Abstraction Level Permutational ESD Concept Analysis. In: *EOS/ESD Symposium*, 2003

[Sze01] SZE, S. M.: *Semiconductor Devices.* John Wiley & Sons, 2001

Literaturverzeichnis

[TM02]   TOUMAZOU, C. ; MOSCHYTZ, G. S.: *Trade-Offs in Analog Circuit Design*. Kluwer Academic Publishers, 2002 (ISBN: 1-4020-7037-3)

[Tri06]   TRIEBS, D.: *Implementierung eines Algorithmus zur Strompfadextraktion von ESD-Impulsen in integrierten Schaltungen*, Technische Universität Berlin, Diplomarbeit, 2006

[Ung91]   UNGER, H.G.: *Elektro-magnetische Wellen auf Leitungen*. Huettig Buch Verlag GmbH, 1991 (ISBN: 3-7785-2009-1)

[VHD04]   Norm 61691-1 Behavioural languages Part 1: VHDL language reference manual. (2004)

[Vol04]   VOLDMAN, S. H.: *ESD Physics and Devices*. John Wiley & Sons, 2004 (ISBN: 978-0470847534)

[Wad91]   WADELL, B. C.: *Transmission Line Design Handbook*. Artech House Inc., 1991 (ISBN: 0-89006-436-9)

[Wag99]   WAGNER, L. C.: *Failure Analysis of Integrated Circuits*. Kluwer Academic Publishers, 1999 (ISBN: 978-0412145612)

[WF01]   WANG, A.Z. ; FENG, H.G.: On-chip ESD protection design for integrated circuits: an overview for IC designers. In: *Microelectronics Journal*, 2001, S. 733–747

[WSH88]   WAGNER, R. G. ; SODEN, J. M. ; HAWKINS, C. F.: Extent and Cost of EOS/ESD Damage in an IC Manufacturing Process. In: *EOS/ESD Symposium*, 1988, S. 49–55

[ZWHL07]   ZHOU, Y. ; WEYL, T. ; HAJJAR, J-J. ; LISIAK, K.P.: ESD Simulation using Compact Models: from I/O Cell to Full Chip. In: *Electron Devices and Solid-State Circuits*, 2007

Die VDM Verlagsservicegesellschaft sucht für wissenschaftliche Verlage abgeschlossene und herausragende

Dissertationen, Habilitationen, Diplomarbeiten, Master Theses, Magisterarbeiten usw.

für die kostenlose Publikation als Fachbuch.

Sie verfügen über eine Arbeit, die hohen inhaltlichen und formalen Ansprüchen genügt, und haben Interesse an einer honorarvergüteten Publikation?

Dann senden Sie bitte erste Informationen über sich und Ihre Arbeit per Email an *info@vdm-vsg.de*.

Sie erhalten kurzfristig unser Feedback!

VDM Verlagsservicegesellschaft mbH
Dudweiler Landstr. 99   Telefon +49 681 3720 174
D - 66123 Saarbrücken   Fax   +49 681 3720 1749
www.vdm-vsg.de

Die VDM Verlagsservicegesellschaft mbH vertritt

Printed by Books on Demand GmbH, Norderstedt / Germany